有些事
早点看透就好了

刘　川◎编著

很多事情，其实我们根本不必绞尽脑汁，
你只要尽力而为。

中国華僑出版社

图书在版编目（CIP）数据

有些事，早点看透就好了／刘川编著．—北京：中国华侨出版社，2013.7

ISBN 978-7-5113-3797-9

Ⅰ．①有…　Ⅱ．①刘…　Ⅲ．①人生哲学-通俗读物
Ⅳ．①B821-49

中国版本图书馆CIP数据核字（2013）第157405号

●有些事，早点看透就好了

编　　著／刘　川
责任编辑／文　筝
封面设计／智杰轩图书
经　　销／新华书店
开　　本／710mm×1000mm　1/16　印张18　字数220千字
印　　刷／北京溢漾印刷有限公司
版　　次／2013年10月第一版　2013年10月第1次印刷
书　　号／ISBN 978-7-5113-3797-9
定　　价／32.00元

中国华侨出版社　北京朝阳区静安里26号通成达大厦3层　邮编100028
法律顾问：陈鹰律师事务所
编辑部：（010）64443056　64443979
发行部：（010）64443051　传真：64439708
网　址：www. oveaschin. com
e-mail：oveaschin@sina. com

前言

何为禅意？世人认为禅本无意，有意便非禅了。其实，禅须有意，无意又何谈禅“意”？禅意不是消极避世，而是身居繁华持一份清静，处喧嚣中留一份淡定，在红尘纷扰中守一份清纯。

又或这样说，禅意是一种人生境界，是一个人对于生活所持有的态度。当一个人历经沧海桑田以后，终有所领悟，看淡名与利，不委不曲，不烦不恼，心清明净，天地便宽广了。

然而，红尘中毕竟喧闹太多，尘世里充满种种诱惑，问世间又有几人能从从容容，淡定如山，于是，我们便看到了愤怒与贪婪，看到了遗憾与忧烦……我们每个人的心都随着尘事起伏，体会着愁苦和伤感！试问，当功名利禄、爱恨纠葛、财富与快乐摆在你面前时，你会如何抉择？

以禅意看人生，无论何人，倘若受不起世情冷暖，经不了人生浮沉，终是无法品阅人生甘甜的。人之一生，理想与追求固不可少，勤奋和执着尤为重要，但终归不要太过执着。

人生亦如流动的河，时而平静无波，时而风起浪涌，但无论如何我们都应让自己从容些、乐观些、宽容些。逆境之时泰然处之，顺境之时淡然以对；不以物喜，不以己悲。金钱是好，但不要太贪；名利诱人，但莫为其所累；爱来是缘，去也是缘；与人怀仇莫放心中……这便是悟了。

其实，生活本来很简单，何必想得太过复杂？饥来吃饭，困来即眠，简单、自然就是福气，简单就是剔除生活中繁复的杂念、拒绝杂事的纷扰；简单也是一种专注，“好雪片片，不落别处”。生活中经常听一些人感叹烦恼多多，到处充满着不如意；也经常听到一些人总是抱怨无聊，时光难以打发。其实，生活是简单而且丰富多彩的，痛苦、无聊的是人们自己而已，跟生活本身无关；是否快乐、是否充实就看你怎样看待生活、发掘生活。如果觉得痛苦、无聊、人生没有意思，那是因为不懂快乐的原因！

我们不认可铺张浪费，其实也无需太过节俭。房子不大，但睡觉只需三尺宽；厨房不宽敞，但不影响菜肴的美味。闲暇时，烹两个小菜，享一樽老酒，饭后放一段音乐，捧一杯清茗，不也惬意？所谓“春有百花秋有月，夏有凉风冬有雪”，还愁什么？

记住，凡事不要想得太复杂，简简单单做人、认认真真做事、快快乐乐生活，能把握住现在便好。

忆往昔，曾几何时，年轻的我们总是憧憬宏大而精彩的人生，总是迷恋五彩缤纷的花花世界，但又总是在追求的过程中，丢失了生活的本色。历尽沧桑、蓦然回首才发现，回归平淡，方入人生之真境。平淡是真、平常心是道，一切最简单的，都是返璞归真的。亦如弘一大师所言“淡有淡的味道”，了悟平淡，才是智者的生活。

这，或许便是禅意的人生吧！

目录

第一辑 / 千灯万盏，不如心灯一盏

思人间善事，心便是天堂，思人间恶事，心便堕为地狱；生人间慈悲，处处皆菩萨，生龌龊欲念，人便沦为牲畜；心中有智慧，则无处不乐土，心中多愚痴，则处处是桎梏。

第二辑 / 戒躁戒骄，任心一片清净

世人修身养性，最要紧的就是本心的“静”与“净”。然而，世人却在各种欲望的漩流中，变得越来越浮躁，已很少看到人们真正发自内心的宁静、祥和的微笑了。佛祖的捻花一笑，虽是静坐，祥和的神情，却已飞跃世间一切，那正是心灵修炼到最高境界的表现。因为他坐在了那个生命的根本之上，再也没有一丝的不和谐。

第三辑 / 不慕虚荣，勿攀勿比勿忌

得不到的东西，我们会一直以为它是美好的，那是因为你对它了解太少，没有时间与它相处在一起。当有一天，你深入了解后，你会发现原不是你想象的那么美好。所以我们何必羡慕、忌妒别人呢？这样不会给自己增加任何好处，也不可能减少别人的成就。

第四辑 / 顺境修行，永远难成功

人在承受苦难时，须发挥主观能动性，以积极的态度应对磨难和挑战。倘若你被苦难所驾驭，惊慌恐乱，便是受了报应并种下新恶因；倘若沉着冷静、积极应对，虽也“受”了但不会再“受”，不会种下新恶因。即，大难不死、必有后福。

第五辑 / 不怨众生，是苦了你自己

一个人如果不能从内心去原谅别人，那他就永远不会心安理得。所以你永远要宽恕众生，不论他有多坏，甚至伤害过你，你一定要放下，才能得到真正的快乐。

第六辑 / 难得糊涂，活在醉醒之间

一切万法不离自性。就是说人不可自寻烦恼，人说我痴，我就痴给他看。生活中，该糊涂时莫让自己太清醒，适当地糊涂一把，既融洽了关系又保护了自己。

第七辑 / 放下情执，你才能得自在

五百年前结缘来，前生注定非今日。莫愁苦，莫偏执，随缘而安心自宽！世间的万事万物，一切皆由因缘而定，缘来则聚，缘尽则散。而执着是苦，一切应随缘。

第八辑 / 得失随缘，就不会有障碍

眼睛不要老是睁得那么大，我且问你，百年以后，哪一样是你的？笑对得失，不去埋怨。悠然，随心，随性，随缘。注定让一生改变的，只在百年后，那一朵花开的时间。

第九辑 / 清心寡欲，便无纷扰纠缠

宇宙与人，皆有五类：色、受、想、行、识，合为五蕴。物质世界的五蕴炽盛，引诱着人的五蕴炙盛，于是种种贪欲翻卷了起来，将人掀入欲望的三千弱水之中，一沉一浮。所谓的只取一瓢饮，成了昏黄卷册中一句死气沉沉的偈语，丧失了当年棒喝震耳的亢然音效。那一根空心的芦苇，再渡不起我们沉重的身躯。

第10辑 / 甘于淡泊，平淡方知真味

修行要有耐性，要能甘于淡泊、乐于寂寞。就是要人在修行时摒弃杂念，弃嗔痴心，持淡泊心，不为名利所动，不为钱色所诱。心似白云，意如流水，沏一壶清茗，闲看花开花落，漫随云卷云舒。心无牵挂，开阔空明，让一袭云水心胸超然于外，乐得洒脱自在。

第一辑

千灯万盏，不如心灯一盏

思人间善事，心便是天堂，思人间恶事，心便堕为地狱；生人间慈悲，处处皆菩萨，生龌龊欲念，人便沦为牲畜；心中有智慧，则无处不乐土，心中多愚痴，则处处是桎梏。

心旷，则万钟如瓦缶

世人皆生活在同一境界中，感受却不尽相同，对此，可以解释为“他根性不一样，烦恼习气不相同”。换而言之，就是人的念头不同，心想不同，果报亦不一样。心宽，则多得快乐；心窄，则自设牢笼。

“心无挂碍，无挂碍故，无有恐怖；远离颠倒梦想，究竟涅槃”。可见，若是人生持一颗豁达、宽广的心，坦荡地面对世间万物，便是一种大彻大悟。如此，何人何事又能令我们的心灵蒙尘呢？

《菜根谭》中也有这样一句：“心旷，则万钟如瓦缶；心隘，则一发似车轮。”亦是在劝解世人要心胸宽广、豁达，而不可心思狭隘、小肚鸡肠。正所谓“心底无私天地宽”，古今中外那些“君子”之所以能够品行正、修养好、境界高，原因即在于他们拥有一个无私坦荡的胸怀，因此，也能拥有一个宽广坦荡的人生。而小人则恰好相反，他们心思狭隘，欲求甚多，所以经常局促忧愁。

做人，倘若没有一个宽广的胸怀，就无法形成一种平静的心态，要修养好品行是十分困难的。一个人若是内心十分充实，即在道德、人格、知识、趣味、情感等方面比较完善，有一定质量，就能达到一定境界。一个人有一个广阔的胸襟，心里容量大，就能有正确的自足感，能够避免无节制地被外界事物刺激和骚扰，视名利、权势、情欲为身外之物，不会过于计较。内心保持这样的境界，无论得意的时候或是艰难困苦的时候，都会是很乐观的。当然也不是盲目的乐观，而是自然的胸襟开朗，对人也没有仇怨。为人处世能养成这种“坦荡荡”的境界，具备这种豁达胸怀，才使修身冶性具有基本的保证，修身正己就有了一种自觉性，会产生一种满足感、愉悦感。

在我国宋代，有这样一位贤士，他的名字叫程颢。

程颢少年即中进士，后久任地方官，理政以教化为先，所辖诸乡皆有乡校。他为人宽厚，平易近人，待人接物“浑得一团和气”。他不仅“仁民”，而且“爱物”，“其始至邑，见人持竿道旁，以黏飞鸟，取其竿折之，效之使勿为”。人们议论说，“自主簿折黏竿，乡民子弟不敢畜禽鸟。不严而令行。大率如此”。但是，为了破除神怪迷信，他却敢于斩巨龙而食其肉。“茅山有龙池，其龙如蜥蜴而五色。祥符中，中使取二龙，至中途，一龙飞空而去，自昔严奉以为神物。先生尝捕而脯之，使人不惑”。

程颢任镇宁军节度判官时，适逢当地发生洪水，曹村堤决，州帅刘公涣以事急告。他当即从百里之外一夜驰至，对刘帅说：“曹村决，京城可虞。臣子之分，身可塞亦为之。请尽以厢兵见付，事或不集。公当亲率禁兵以继之。”刘帅遂以官印授予程颢，说：“君自用之。”程颢得印后，径走决堤，对士卒们说：“朝廷养尔军，正为缓急尔。尔知曹村决则注京城乎？吾与尔曹以身捍之！”士众皆被感而自效力。他先命善泅者衔细绳以渡，然后引大索以济众，两岸并进，昼夜不息，数日而合。

在进身仕途的同时，程颢也不失归隐林泉的仙家道趣，他曾写诗说："吏纷难久驻，回首羡渔樵。""功名未是关心事，道理岂因名利荣。""辜负终南好泉石，一年一度到山中。""襟裾三日绝尘埃，欲上篮舆首重回；不是吾儒本经济，等闲争肯出山来。"正因为有这样的修养和情操，才使他获得了温润、宽厚、和气、纯粹等美德。他那种大中到正的人格形象，对世人具有很大的示范和感化作用，这也是他对后世产生较大影响的一个重要原因。程颢后来以双亲年老为由求为闲官，居洛阳十几年，与其弟程颐讲学于家，化行乡党。其教人则说："非孔子之道，不可学也。"士人从学者不绝于馆，甚至有不远千里而至者。

做人若坦荡为怀，率性而为，自然不会在乎钱财的富足与官爵的显赫，而寻求的是心无牵念。抛弃名利的心头枷锁，无论思想抑或理智皆能得到自由。得利心不高，失利心不下，淡泊明志，宁静致远，见利让利，处名让名，或许在别人看来，你未免有些"傻"，但事实上，这才是一个人安身立命、攫取幸福的法宝。

然而在生活中，有些人却反其道而行之，他们稍微做出点成绩，便沾沾自喜，自以为功成名就，就可以天天吃老本了，从此便失去了新的奋斗目标。这种做法是不足取的。鲁迅说："自卑固然不好，自负也是不好的，容易停滞。我想顶好是不要自馁，总是干；但也不可自满，仍旧总是用功。"

坦荡地面对这世间的一切，纵然身处逆境，仍从容自若，以超然的心情看待苦乐年华，以平常的心情面对一切荣辱。平常心是一种人生的美丽，不虚饰、不做作、襟怀豁然、洒脱适意的平常心态不仅能给予你一双潇洒和洞穿世事的眼睛，同时也使你拥有一个坦然充实的人生。

在社会竞争日益激烈的今天，拥有一颗坦荡的心，对于身体的健康和事业的成败都是至关重要的。当然，这种心态是要经过失败与挫折，通过不断奋斗努力，才能历练出的人生境界。它不为一切浮华沉沦，不为虚荣所诱。

我们用不着羡慕别人美丽的光环，只要我们拥有一份坦荡的胸怀，尽自己所能，选择自己的人生目标，勇敢地面对人生的各种挑战，无愧于社会、无愧于他人、无愧于自己，那么，我们的心灵圣地就一定会阳光灿烂，鲜花盛开。一个人达到了如此的境界，就会自得其乐，不会因得失荣辱而耿耿于怀，反之，就难以体验到工作与人生的乐趣。更严重者，则会执着于贪念，使人生面临着重重的危机。

禅意人生

万物由心生，亦由心灭。想来，人心应是最为宽广，偏偏有时它又最为狭隘。若人能以一颗坦荡的心去面对世间万物，又有何惧，又有何虑？纵然世事无常，沧海桑田亦无妨，我心坦荡，天地宽广。

除恶习、平妄念

“身是菩提树，心是明镜台。时时勤拂拭，勿使染尘埃”。妄念生之，妄行随之，颠覆亦必伴之。涤除玄览，方可看得更远。

上天对每个人都是公平的，之所以还有那么多不幸福的人，是因为被十种恶习在心头作祟。

哪十种恶习呢？无惭、无愧、忌、悭、悔、眠、昏沉、掉举、嗔恨、覆。

所谓无惭，就是不知道惭愧。古人云：“人不知耻，百事可为。”一个人不要脸，什么不光彩的事都做得出来。

所谓无愧，就是不知自省的意思。就像俗话说的：“人不知自丑，马不知面长。”一个人不知自省，他就看不到自己的缺点和不足，就不会去努力改进，那么，学问和做人功力就会停滞不前，事业和品德就难有长进。

忌，就是忌妒。忌妒心特别强的人，将别人的收获看成自己的损失，为别人的成就暗自神伤。为了不让身边的人太得意，他经常在背后搞小动作，干一些损人不利己的勾当。他们成天忙于这些惹麻烦没好处的事，哪怕一生劳碌，也百事无成。

悭，就是吝啬。节俭是一种好习惯，过于吝啬，一点好处都到不了别人手里，人际关系必然很差。因为缺乏交流，信息不畅，不易发现成功的机会，见识方面也难有长进。吝啬不只是钱财的悭吝，还有对法的悭吝，也就是不愿把好的想法、好的建议告诉别人。这样，别人看不到他的诚意和才能，肯定不会对他引起重视。

悔，即做事后悔。“如果我那时好好读书就好了”“如果我好好把握那个机会就好了”，后悔其实是不求上进的表现。如果认为读书有益，哪天不能读书？哪怕已经五六十岁还不晚，花上五六年时间，即可精通一门学问。难道非得青春年少在学校里读书吗？之所以让少年儿童在学校读书，主要是因为这么小的孩子干不了什么事，反而会添麻烦，索性让他们在学校读书，既长学问，也减轻了父母的负担。真正要读书，还是在社会上打拼时学以致用，比较容易长学问。如果认为某个机会重要，哪天没有机会？现在是一个机会社会，你需要的是识别和把握机会的能力。所以，浪费任何一个机会都无须后悔。

眠，睡懒觉，也就是懒惰的意思。世界上最没出息的，无疑是懒惰不负责任的人。这种人没出息倒好，要是哪天时来运转，得到某个受重用的机会，那就很可能成为大家的不幸。

昏沉，就是昏头昏脑、迷糊颠倒的意思。这主要是身体或精神状况欠佳造成的。几乎每一个成就大业的人都是精力充沛的人。有的人能力和智商都不差，人也不懒，主要是身体欠佳，一想问题就头痛，只好不想；一做事就气喘，只好不做或少做。这怎么能有成就呢？精神状态欠佳，跟身体状况有一定关系，但主要是心理调节能力的问题。有的人心事重，就像《红楼梦》里那个林妹妹一样，一点小事都要琢磨半天，这样肯定开心不起来！那么这样的人如何能够为人所用、给他人造福？

掉举，就是胡思乱想，注意力不集中。任何事精神专注才能做好，做事时东想西想，做出来的事肯定比较马虎！

嗔恨，性子浮躁，自控能力差，喜欢怨天尤人，喜欢自怨自艾，或者容易发怒。这不但容易搞坏人际关系，也容易惹麻烦。整天跟麻烦事打交道，哪有心情干事业呢？

覆，就是掩过饰非的意思。做错了事，不肯认错，总是找借口辩解，或者把过错推到别人身上。这种人难当大任，也不易受人信任。

以上十种恶习，是做任何事的障碍。若能克服了这些恶习，最起码可以养成一种良好的心理品质，对你做一个成功的人则大有裨益。反之，人一旦被恶习缠绕，便会滋生妄念，妄念一起，心不能平，心不能平则易浮躁，人浮躁则极易犯错。

有这样一个故事：

从前有一位名叫金碧峰的高僧，他有很深的禅定功夫。他的禅定功夫已经到达无念的境界，只要一入定，任何人都找不到他。

有一天，皇帝送他一个紫金钵。他心里非常高兴欢喜，于是对钵起了贪爱之念。

一日，金碧峰的阳寿将尽，阎罗王便派了两个小鬼前来索命，可是任他们东寻西找，就是找不到金碧峰的魂魄！

俩小鬼不知道该怎么办，于是，去找“土地”帮忙，“土地”对小鬼说：“金碧峰已经入定了，你们根本找不到他的。”

俩小鬼央求“土地”为他们出个主意帮帮他们，否则回去没法向阎罗王交差。

“土地”想一想说：“金碧峰他什么都不爱，就爱他的紫金钵。

如果你们想办法找到他的紫金钵，轻轻地弹三下，他自然就会出定。”

于是，两个小鬼东找西找，找到了紫金钵，轻轻地弹了三下。

当紫金钵一响，果然金碧峰出定了，说：“是谁在碰我的紫金钵。”

小鬼就说：“你的阳寿尽了，现在请你到阎王爷那儿去报到。”

金碧峰心想：“糟了！自己修行这么久，结果还是不能了脱生死，都是贪爱这个钵害的！”

于是，他就跟小鬼商量：“我想请几分钟的假，去处理一点事情，处理完后，我马上就跟你们走。”

小鬼说：“好吧！就给你几分钟。”

于是，金碧峰将紫金钵往地上一摔，砸得粉碎，然后，双腿一盘，又入定去了。这一回，任两个小鬼再怎么找，也找不到他了。

其实，现实生活中我们也常生妄念。譬如，对功名利禄的痴想、对于美色的渴望、对于他人成功的艳羡、对于别人的忌妒，等等，这些事有时会像奔流不息的瀑布一样，时刻侵扰着我们的生活。若恶习不改、妄念不除，人是很难静下心做事的。

对待妄念，我们要记住两个词：一个是“不忘”，另一个为“不起”。不忘“见宗自相光明”，不起“遮遣、成立、取舍”等心，这是最最重要的。这样，妄念突起时，不压制它，不随它跑，不产生任何爱憎、取舍之心，才能感悟到逍遥人生。

要知道，人的头脑就犹如一个大容器，装进什么样的信息，就会储存什么样的信息。如果一个人身染上述种种恶习，那么他通过各种渠道得到的多会是暴力、色情、拜金主义及现实社会中的利益争斗等信息，这些不良信息就会在人的大脑中产生各种妄念，而且这些妄念不会自生自灭，经过一段时间之后会逐渐形成固定的观念，就会长久地占据人的大脑。清除妄念的最好方法就是大量接受真诚、善良、宽容等良性信息，以人的正念取代脑中的妄念与邪念，从而逐渐清除那些不该有的恶习。

禅意人生

尘世间全部妄念、一切物象——金钱、名位、功勋，对于生命而言，不过是一抹尘烟。心在尘世则妄念必至，心在禅中则一片澄净。把握人生方向的，不是别的，就是心境。我们的心原本纤尘不染，只因为外界的物象所迷惑，才如明镜蒙尘一般，晦暗不清。

点燃心灯

其实，人们需要善良，世界需要善良，你自己也需要善良。因为善待他人就是善待自己，亦如俗话所说的那样——授人玫瑰，手留余香。

“别人对我有一点点恩德，就应想着怎样大大地回报他。对怨恨自己的人，要总是怀着善心”。这是教人行善事、做善人的箴言。

中国有句处世之道的古话叫："与人为善。"是说人不论到什么时候，都要以善的一面对待别人。与人为善是人际交往中一种高尚的品德，是智者心灵深处的一种沟通，是仁者个人内心世界里一片广阔的视野。它可以为自己创造一个宽松和谐的人际环境，使自己有一个发展个性和创造力的自由天地，并享受到一种施惠与人的快乐，从而有助于个人的身心健康。

与人为善并不是为了得到回报，而是为了让自己活得更快乐。与人为善其实极易做到的，它并不要你刻意去做作，只要有一颗平常的心就行了。

现实生活中，有些人不讨人喜欢，甚至四面楚歌，主要原因不是大家故意和他们过不去，而是他们在与人相处时总是自以为是，对别人随意指责，百般挑剔，人为地造成矛盾。只有处处与人为善，严以责己，宽以待人，才能建立与人和睦相处的基础。在很多时候，你怎么对待别人，别人就会怎么对待你。这就教育我们要待人如待己。在你困难的时候，你的善行会延伸出另一个善行。

相反，倘若你自私自利，从不考虑他人，则只会令自己众叛亲离，没有了人脉的支撑，你的人生之路只会越走越窄。所以，当黑暗来临时，不妨点一盏灯，不为别人，只为自己，但为自己的同时却也是为了他人。不要吝啬于自己的善行。当你点燃那盏照亮的灯时，受益的不仅是路人，而且还有你自己。任何时候的善行都将使你受益。

漆黑的夜晚，一个远行寻佛的苦行僧到了一个荒僻的村落中，漆黑的街道上，村民们你来我往。

苦行僧走进一条小巷，他看见有一团晕黄的灯从静静的巷道深处照过来。一位村民说："盲人过来了。"

盲人？苦行僧愣了，他问身旁的一位村民："那挑着灯笼的人真是盲人吗？"

他得到的答案是肯定的。

苦行僧百思不得其解。一个双目失明的盲人，他根本就没有白天和黑夜的概念，他看不到高山流水，也看不到桃红柳绿的世界万物，他甚至不知道灯光是什么样子的，那他挑一盏灯笼岂不可笑吗？

那灯笼渐渐近了，晕黄的灯光渐渐从深巷移游到了僧人的鞋上。百思不得其解的僧人问："敢问施主真的是一位盲者吗？"

那挑灯笼的盲人告诉他："是的，自从踏进这个世界，我就一直双眼混沌。"

僧人问："既然你什么也看不见，那为何挑一盏灯笼呢？"

盲者说："现在是黑夜吗？我听说在黑夜里没有灯光的映照，那么满世界的人都和我一样什么也看不见，所以我就点燃了一盏灯笼。"

僧人若有所悟地说："原来您是为了给别人照明。"

但那盲人却说："不，我是为自己！"

"为你自己？"僧人又愣了。

盲人缓缓向僧人说："你是否因为夜色漆黑而被其他行人碰撞过？"

僧人说："是的，就在刚才，我还不留心被两个人碰了一下。"

盲人听了，深沉地说："但我却没有。虽说我是盲人，我什么也看不见，但我挑了这盏灯笼，既为别人照亮了路，也更让别人看到了我。这样，他们就不会因为看不见而碰撞我了。"

苦行僧听了，顿有所悟。他仰天长叹说："我天涯海角奔波着找佛，没有想到佛就在我的身边。原来佛性就像一盏灯，只要我点燃了它，即使我看不见佛，佛也会看得到我。"

爱是心中的一盏明灯，照亮的不仅仅是你自己。对于一个盲人而言，黑夜与白昼何来区别？然而，灯笼的光线虽然微弱，却足以让别人在黑暗中看到他的存在。他的善行照亮了别人，同时也照亮了自己，这看似有悖常理的行为，才是人生中的大智慧。

其实，你怎样对待别人，别人就会怎样对待你；你怎样对待生活，生活也会以同样的态度来对你进行回报。譬如，当你在为别人解答难题的同时，也让自己对于这个问题有了更进一步的理解；当你主动清理"城市牛皮癣"时，不仅整洁了市容，也明亮了自己的视野……诸如此类，举不胜举。

可见，无论做人还是做事，与人为善都是一个最基本的出发点。然而可悲的是，有一些人竟然错把善良当作迂腐和犯傻。这些人自以为聪明，其实是身在苦中不知苦。所谓"苦海无边，回头是岸"，让我们做一个善良的人，这是我们做人的底线。因为好人一生平安，因为善良这种品质正是上天给我们的最珍贵的奖赏。

"君子莫大乎与人为善"。善待他人是人们在寻求成功的过程中应该遵守的一条基本准则。在当今这样一个需要合作的社会中，人与人之间更是一种互动的关系。只有我们去善待别人、帮助别人，才能处理好人际关系，从而获得他人的愉快合作。那些慷慨付出、不求回报的人，往往更容易获得成功。

所以，在生命的夜色中，请为别人也为自己点燃那盏生命之灯吧。如此，我们的人生将会更加地平安与灿烂！

禅意人生

与人为善来源于高尚。“人心本善”，“只要人人都献出一点爱，世界就会变成美好的人间”……有了这样的情操，人们的行动才有了指南，人生杠杆才有了支点，理想大厦才有了精神支柱。

莫轻小恶，以为无殃；莫轻小善，以为无福

“莫轻小恶，以为无殃；滴水虽微，渐盈大器，凡罪充满，从小积成。莫轻小善，以为无福，水滴虽微，渐盈大器，凡福充满，从纤纤积”。

“诸恶莫做，众善奉行”，不管是小的过错，还是小的罪恶，但凡是负面的言行都不要让它面世。三国时刘备在白帝城临终托孤时，仍不忘谆谆告诫刘禅：“勿以善小而不为，勿以恶小而为之。”刘备一世枭雄，留下的名言不多，唯有这句话流传千古，而且给后人永久的启示：奉劝人们不要因为某个坏习惯不起眼就不重视。这句话看似比较浅显，但却蕴含着很深的哲理。它告诉我们要在日常生活中的细节上加强道德修养，以免因小失大。

“勿以善小而不为，勿以恶小而为之”。谁都知道这个道理，但

能够做到的人却很少。“愚昧之人，其实亦知善业与恶业之分别，但时时以为是小恶，作之无害，却不知时时作之，积久亦成大恶。犹水之一小滴，滴下瓶中，久之，瓶亦因此一滴一滴之水而满。故虽小恶，亦不可作之，作之，则有恶满之日”。

古人说“千里之堤，溃于蚁穴”，如果对小的贪欲不能及时自觉并且有效地修正，终将因为无底的私欲酿成灾难，小则身败名裂，大则招致亡国。我们要时常依照好的准则来检点自身的言行和思想，从善如流，否则等出现不良后果再深深痛悔都已太晚！成语“防微杜渐”，便是劝人勿以“微”为轻，故而随意开始，勿忽略“渐”而使积重难返。这尘世间多少麻烦、多少纠缠、多少烦恼，甚至是不幸，都是从“微”“渐”而来。所以，请务必戒之，慎之！

有个非常有名的寓言故事，名叫“象牙筷子”，也非常有意思。

商纣王刚登上王位时，请工匠用象牙为他制作筷子，他的叔父箕子十分担忧。因为他认为，一旦使用了稀有昂贵的象牙筷子，与之相配套的杯盘碗盏就会换成用犀牛角、美玉石打磨出的精美器皿。餐具一旦换成了象牙筷子和玉石盘碗，你就千方百计地享用牛、象、豹之类的胎儿等山珍美味了。在尽情享受美味佳肴之时，你一定不会再去穿粗布缝制的衣裳，住在低矮潮湿的茅屋下，而必然会换成一套又一套的绫罗绸缎，并且住进高堂广厦之中。

箕子害怕演变下去，必定会带来一个悲惨的结局。所以，他从纣王一开始制作象牙筷子起，就感到莫名的恐惧。事情的发展果然不出箕子所料，仅仅只过了五年光景，纣王就穷奢极欲、荒淫无度地度日。他的王宫内，挂满了各种各样的兽肉，多得像一片肉林；厨房内添置了专门用来烤肉的铜烙；后园内酿酒后剩下的酒糟堆积如山，而盛放美酒的酒池竟大得可以划船。纣王的腐败行径苦了老百姓，更将一个国家搞得乌七八糟，最后终于被周武王剿灭而亡。

人之善恶不分轻重。一点善是善，只要做了，就能给人以温暖；一点恶是恶，只要做了，也能给人以损害。而最重要的是对自己的道德品质的影响。所以，生活中的我们须谨言慎行，从一点一滴之间要求自己，做到为善。只有这样，我们才不至于在人生的沟沟坎坎中马失前蹄，断送我们本该美好的前途。

其实，现实中有一些人，做了坏事之后心里也感到不安，于是他们就向各种“神灵”祷告，以求让自己的罪恶消失于无形。然而，在儒家看来，这些都是没用的。孔子说：“获罪于天，无所祷也。”意在劝诫世人堂堂正正做人，不要干违反道义的坏事，否则，早晚都要遭到报应。这其实也是对我们每一个人都有警示意义的警钟，不要让自己在罪恶中越陷越深，以致无法自拔、自救。

世间万物都有一种标准，儒家提取、归纳，上升到理论层面上就是道义、礼节等标准，这其实也是一种事物发展规律的表现，一旦严重偏离，就会遭到规律的惩罚。比如见利忘义，唯利是图，争名于朝，争利于市，首鼠两端，殚心竭虑，而自以为得计。即使于蝇营狗苟、纷纷扰扰之际得蝇头微末之利，却丧失了长远根本之利。更有以邪恶手段攫取财富，到头来难免“机关算尽太聪明，反误了卿卿性命”，贪利损身，求荣反辱的事，古往今来，还见得少吗？

可见，只要是“恶”，即便微乎，我们也坚决不要做。因为失之小节，往往正是酿成大错的开始，而一个人的品行德性就体现在小节上。不要心存侥幸心理，认为无人知晓又无伤大雅便可妄为。

须知，举头三尺有神明！若要人不知，除非己莫为！何况做了小恶，即便别人不知，但你的品行也会受污；而做了小善，纵使无人赞扬，对你而言依然是一个可喜的长进。

“勿以善小而不为，勿以恶小而为之”，倘若大家能将刘备的这句话置之座右，奉为处世箴言，必然会增益良多，长进良多！

禅意人生

美德积成于小善，防恶应注意未然。这世间，凡大皆由小而来，小善不为何来大善？小恶不除便成大恶！依事物性质而言，“小善”“大善”本质皆为善；“小恶”“大恶”本质皆为恶，切不可因“小”而忘其实质。正所谓“一日一钱，千日千钱；绳锯木断，水滴石穿”！

众生皆平等

欲知世上刀兵劫，但听屠门夜半声。不要光埋怨自己多病，灾祸横生，多看看横死在你刀下的众生又有多少？

一座山上住着一位很有智慧的和尚，山下的村里有什么疑难问题，村民们都上山来向他请教。

村民们说没有任何事情能难住老人家。

有一个聪明又调皮的孩子想故意为难那位和尚，他捉住了一只小鸟，握在手中，跑去问和尚："大和尚，听说您是最有智慧的人，但我却不相信。假如您能猜出我手中的鸟是活的还是死的，我就相信了。"

和尚注视着小孩子狡黠的眼睛，心中有数。假如自己回答小鸟是活的，小孩会暗中加劲把小鸟掐死；假如回答小鸟是死的，小孩定会张开双手让小鸟飞走。

和尚于是拍拍小孩的肩膀说："这只小鸟的死活，就全看你的了。"

看看这个孩子吧。一个小孩就可以决定一只小鸟的生死。人类是否可以重新审视一下自己的天性和良知？人类为了自己的生存，遵循物竞天择、弱肉强食的生存规则是无可厚非的，否则，我们就只能自取灭亡。但我们绝不能因为自己是万物之灵长就可以像那个小孩一样任意将其他的生命握在手中，用我们的意志去决定它们的生死。因为那是一种罪、一种恶，而且是大恶。

"众生皆怕刑害，自己亦怕刑害；众生皆怕死，自己亦怕死。人若能以此心，念自己之怕而想及其他众生之怕，则自己必不杀生，亦不教令人杀生"。

1960 年，饥饿不堪的人们围了两个山头，要把这个范围的猴子赶尽杀绝，不为别的，就为了肚子。零星的野猪、麂子已经解决不了问题，饥肠辘辘的山民把目光转向了群体的猴子。两座山的树木几乎全被伐光，最终一千多人将三群猴子围困在一个不大的山包上。猴子的四周没有了树木，被黑压压的人群层层包围，插翅难逃。双方在对峙，那是一场心理的较量。猴群不动声色地在有限的林子里躲藏着，人在四周安营扎寨，还时不时地敲击响器，大声呐喊，不给猴群以歇息机会。三日以后，猴群已经精疲力竭，准备冒死突围。人也做好了准备，开始收网进攻。于是，小小的林子里展开了激战，猴的老弱妇孺开始向中间靠拢，以求存活；人的老弱妇孺在外围呐喊，造出声势，青壮进行厮杀，彼此都拼出全部力气浴血奋战，说到底都是为了活命。战斗整整进行了一个白天，黄昏的时候，林子里渐渐平息下来，无数的死猴被收集在一起，各生产队按人头进行分配。

那天，有两个老猎人没有参加分配，他们俩为了追击一只母猴来到被砍伐后的秃山坡上。母猴怀里紧紧抱着自己的崽，匆忙地沿着荒脊的山岭逃窜。两个老猎人拿着猎枪穷追不舍，他们是有经验的猎人，知道抱着两个崽的母猴跑不了多远。于是他们分头包抄，和母猴绕圈子，消耗它的体力。母猴慌不择路，最终爬上了空地上一棵孤零零的小树。这棵树太小了，几乎禁不住猴子的重量，绝对是砍伐者的疏忽，他根本没把它看成一棵树。上了树的母猴再无路可逃，它绝望地望着追赶到跟前的猎人，更坚定地搂住了它的崽。

绝佳的角度，绝佳的时机，两个猎人同时举起了枪。正要扣扳机，他们看到母猴突然做了一个手势，两人一愣，分散了注意力，就在犹疑间，只见母猴将背上的、怀中的小崽儿，一同搂在胸前，喂它们吃奶。两个小东西大约是不饿，吃了几口便不吃了。这时，母猴将它们搁在更高的树杈上，自己上上下下摘了许多树叶，将奶水一滴滴挤在叶子上，搁在小猴能够够到的地方。做完了这些事，母猴缓缓地转过身，面对着猎人，用前爪捂住了眼睛。

母猴的意思很明确：现在可以开枪了……

母猴的背后映衬着落日的余晖，一片凄艳的晚霞和群山的剪影在暮色中摇曳，两只小猴天真无邪地在树梢上嬉戏，全不知危险近在眼前。

猎人的枪放下了，永远地放下了……

人权往前推演一步，就是动物权，就是承认众生平等，承认动物也有其生存和发展的权利。于是，人本主义被质疑，人权受到挑战。凭什么以人为中心，以人的意志和利益来规定这个世界的秩序？凭什么以人的无节制的欲望，来剥夺动物的生存和发展的权利？

在世俗社会中，关于杀生的伦理原则，应该是把需求量降到最低，把猎杀量降到最低。不是绝对禁止杀生，而是尽可能减少杀生。尽可能减少杀生，不仅是为了“可持续发展”，使我们明天还有生可杀，而且是基于“众生平等”的伦理，认识到杀生就是作恶。为了我们人类的生存和健康，我们不得不杀生。那是我们不得不作的必要的恶。或者说，必要的作恶不算作恶。或者说，理性的作恶，恶中有善。

是的，理性的作恶，恶中有善！因为并不是每一粒生命的种子都有发育的权利，并不是每一个生命的个体都有继续生长和繁衍的权利。如果每一粒鱼卵都不受伤害地发育成鱼，不出几代，整个地球水域就会变得拥挤不堪，最终成为一切水生生物的坟场。如果每一枚鸡蛋都不受伤害地孵化成鸡，如此蛋生鸡、鸡生蛋，不出十年，地球上的所有空间就只剩下了鸡，进而成为鸡的墓地……所以，杀生是恶行，也未尝不是善举。

对于人类，对于世俗社会，其伦理原则当为：可以杀生，但不要超出你自己的生存需求，不要危及被食用者的物种生存，不要赶尽杀绝，不要暴殄天物，不要无端地残害生命，也不要为满足自己那点好奇心或小情趣，就去囚禁生命，包括动物园囚禁众多珍禽异兽，乃至市井人家囚禁一只相思鸟。

禅意人生

所谓善，不应该有人与动物之分，更不该有疆界为限。上天有好生之德。以己之心体谅动物之心，爱这世间的一切生命，是我们为人的大善。

常忏悔、常自省

人生需要忏悔和自省，因为世人常为利益所魅惑，在错误的沼泽中越陷越深，而忏悔和自省恰可以使人明得失、衡利弊、知进退。那些人生平庸乃至困顿的人，往往就是缺乏忏悔和自省，又或者他们从不知忏悔和自省。

在日常生活中，我们在有心无心之间不知做错了多少事情，说错了多少言语，动过多少妄念，只是我们没有觉察罢了。所谓“不怕无明起，只怕觉照迟”，这种从内心觉照反省的功夫就是忏悔。忏悔在生活上有什么作用呢？它能帮助我们什么？第一，忏悔是认识错误的良心；第二，忏悔是去恶向善的方法；第三，忏悔是净化身心的力量。

人无忏悔之心便无药可医，“人有时因无知而犯罪，或因愤恨，或因误会而犯罪。事后，自知无理，来求忏悔谢罪，此人确是难得，有上德行，但受者反不肯接受其忏悔，必欲报复。如果是这样的话，那么犯罪者已无罪，而不接受忏悔者，反成为积集怨结之人”。

当我们的心受到染污的时候，要用清净忏悔的净水来洗涤，才能使心地没有污秽邪见，使人生有意义。忏悔是重新认识和评价自我、重新更迭和安顿自我的一种非常重要的途径。忏悔的意思是“承认错误”，但是承认错误之后，还要负起责任，准备接受这个错误所带来的一切后果，这才是忏悔的功能。

在日常衣食住行的生活中，有了忏悔的心情，就能得到恬淡快乐。好像穿衣时，想到“慈母手中线，游子身上衣”的古训，想到一针一线都是慈母辛苦编织成的，那密密爱心多么令人感激！这样一想一忏悔，布衣粗服不如别人美衣华服的怨气就消除了。吃饭时，想到“一粥一饭来之不易”，粒粒米饭都是农夫汗水耕耘，我们何德何能，岂可不好好珍惜盘中餐？惭愧忏悔的心一生，蔬食淡饭的委屈也容易平息了。住房子，看到别人住华厦美居，心生羡慕，要想想“金角落，银角落，不及自家的穷角落”，觉得有一间陋室可以栖身，可以居住，那总要比多少流落街头、躲在屋檐下避风雨的人好得多了，忏悔心一发，自然住得安心舒适了。出门行路，看到别人轿车迎送，风驰电掣好不风光，但想到别人得到这些，不知要熬过多少折磨，吃过多少苦楚，是心血耕耘得来的，而自己还努力不够、功夫不深，自然应该安步当车，这样，也就洒脱自在了。

一念忏悔，使我们原本缺憾的生活，突然时时风光、处处自在，变得丰足无忧了，这就是能够常行忏悔的好处。

忏悔是我们生活里时刻不可缺少的一种言行。忏悔像法水一样，可以洗净我们的罪孽；忏悔像船筏一样，可以运载我们到解脱的彼岸；忏悔像药草一样，可以医治我们的烦恼百病；忏悔像明灯一样，可以照亮我们的无明黑暗；忏悔像城墙一样，可以保护我们的身心六根。《菜根谭》里说："盖世功德，抵不了一个矜字；弥天罪过，当不了一个悔字。"犯了错而知道忏悔，再重的过错也就有了改正的开端。

有这样一个故事。

悟明与悟静一同听道。禅师正讲"不杀生"的戒律，坐在悟静身边的一个魁伟的大汉悄悄对悟静说："我是一名刽子手，可是我知道我罪恶深重，想改恶从善。我还能修道吗？"

悟静重重地点了一下头，道："能！"

在回家的路上，悟明责怪悟静，说："你为什么骗那个刽子手？他杀了那么多人，明明要受到报应入地狱的！"

悟静反问："你能成佛吗？"

悟明想了想，道："应该可以。"

悟静问："你每天喝水吗？"

悟明有些茫然，但还是回答说："当然。"

"你知道一口水中有多少生灵吗？"

"佛说，一口水有八万四千条生灵。"

"它们杀过人吗？"

"没有。"

"它们抢过钱财吗？"

"没有。"

"它们打劫放火吗？"

"没有。"

"那么你每天随意残杀无辜生灵尚能成佛，他如何不能修道呢？"

人若思忏悔，最关键的是要懂得自省。孔子说："吾日三省吾身。"苏格拉底也说："没有经过审视和内省的生活不值得过。"可见，一个人能够做到"自省"是难能可贵的，假如一个人能够做到随时反省自己，那么或许根本就不必去忏悔了。

自省，简单一点说就是自责后的惊醒，是一种认识到错误以后的明白，是一种经过思考后的觉悟，是忏悔在行动上的延伸。一个不懂自省的人，过去之事，他尚不知正误；现在之时，他处险不察。这样的一个糊涂人，他的人生岂能不平庸，又岂能不困顿？

正所谓"人贵在有自知之明"。一个人要想获取前进的不竭动力，就必须不断反思自己。无论任何人，都要在做完事情之后，好好反省自己，时刻自我反省，只有这样你才能够把事情做到最好。假如你不能及时反省自己的错误，到头来只会错上加错，走上一条失败的不归路。一个人只有不停地进行自我反省，才能走得更远，才能够在人生的旅途中不至于迷失方向，才能够不断提升自己的人生境界。

禅意人生

人非圣贤，孰能无过？君子亦难免会有瑕疵。须知，“过也，人皆见之，及其更也，人皆仰之”。事实上，我们每一个人就好像是一块天然玉石，需要不断地用刀去雕琢，把身上的污垢去掉。虽然这一过程显得有些沉痛，但是雕琢后的玉石才能够光彩照人、身价倍增。

诚心改过，便是好人

人不是坏的，只是习气罢了，每个人都有习气，只是深浅不同罢了。只要他有向道的心，能原谅的就原谅他，不要把他看作是坏人。

正所谓：“苦海无边，回头是岸；放下屠刀，立地成佛。”如果不能弃恶扬善，那么罪孽只会不断增长，永无止息。所以，一个人犯了错，最好的补救方法就是及早回头，虽然错已铸成，无法一下子抹去，但毕竟有了正确的追求，有了解脱的希望。相反，若依旧执迷不悟，必然永无出头之日。

儒家也提倡给犯错的人改过的机会，孔子说：“人非圣贤孰能无过，过而能改善莫大焉。”是的，人谁无过？如果他错了，他知道错了，他想改，想改正自己曾犯下的错误，你却连改过的机会都不给，是不是有些太过残忍？其实，一切罪孽缘起于人的执着之心，正所谓“罪从心起将心忏，心若亡时罪亦灭，心亡罪灭两俱空，是则名为真忏悔”。人若能翦灭那颗为恶的心，恶又从何而起？一个人若真心忏悔，势必会得到众生的谅解。

传说很久以前，有一个穷凶极恶的地方官吏，名字叫做赵朗，字公明，他的主要职责就是负责地方上的税务收纳。这赵朗为人贪婪、恶毒，又偏爱吃鸡，每到一家收税，定要人家杀鸡给他吃，否则就要多收钱粮，甚至还会拳脚相加。百姓怕官，对此一直敢怒不敢言。

一日，赵朗来到大源乡桥头村，要求一户农家杀鸡给他吃，可是这家只有一只带一窝小鸡的老母鸡。显然，这只老母鸡无法吃，赵朗也只好作罢。于是这家人开始在小风炉里煮竹笋给他吃，正当竹笋下锅之时，母鸡突然飞上风炉，将锅打翻，这下子赵朗连笋也吃不成了。再看那只母鸡，竟然也被火烧去了许多羽毛。赵朗深感蹊跷——风炉上生着火，母鸡怎么会不要命地去打翻锅子。于是，赵朗便问主人家这笋从何来，对方将他带到挖笋的竹林，只见一条蕲蛇（本地最毒之蛇）盘在原处。眼见此情此景，赵朗当即泪如雨下，双膝跪地，仰声长叹：“天要亡我，又何救我！”

原来，上苍有意要灭他这鱼肉百姓的“税务官”，遂遣蕲蛇来咬竹笋，在笋上留下剧毒，多亏母鸡不计前嫌，大仁大义，奋不顾身，救了他一命。

从此，赵朗辞去公职，遁入空门，一心向善。他来到位于香菇寮村与方山岭村之间的一个小庙，此庙原有一位老和尚，非常清贫，对弟子也极其严格，规定每七天才准烧一次饭，吃一餐，赵朗就在这种情况下，追随了师父 21 年，恪守清规戒律，为周围乡民排解了不少忧难。

那日，又到了开斋之日，然而由于多日未曾生火，庵中已无火种，赵朗只好到方山岭村去借火种。来到方山岭村时，由于多日未曾进食，赵朗身体已经非常虚弱，村民见状给了他一团糯米饭，并借了火种给他。赵朗手中拿着糯米饭，想到师父已经多日未吃，快要饿死，便不顾自己饥肠辘辘，快步向庙中走去。在距离寺庙不远之处，忽有一只猛虎扑面而来。赵朗毫无惧色，凛然说道："畜生，你若是想吃我就张开嘴等着，等我将饭食送与师父，自会回来钻入你的口中。"老虎摇头，赵朗又道："畜生，你若是想做我的坐骑，就伏在地上，待我将饭食送与师父，便来骑你。"话音一落，虎屈膝伏身，点头。赵朗迅速将糯米饭送给师父，并生了火，返身来到老虎身边，骑上。刹那间，云雾升腾，瑞气四射，老虎腾空而起，逐渐没入云端。其师步出庙门，对空朗道："阿弥陀佛！终于度你成佛了。"

这赵朗就是中国民间所供奉的大尊财神——黑虎玄坛赵公明。

有诗云，万恶做尽鸡不究，化得善心水长流，七日一食遁空门，骑虎成佛天共久。这便是佛门所讲的"放下屠刀，立地成佛"。

改过自新，真觉悟，真回头、真改过，重新做人，这样以往的罪孽是可以得到原谅的。可见，忏悔的目的在于痛改前非，缓解自身的压力，从而更好地去把握明天的生活。如果忏悔之后依然如故，或是执着于依然无法改变的事实，只会使自己沉沦在无边的痛苦之中，而忏悔也就失去了原有的意义。

其实，错事已经做了，无论你是何等的懊悔，都已经无法改变既成事实，唯一的救赎就是悔过。悔过后，就不要再重蹈覆辙，亦不要因为以往的罪孽而苦苦自责、无法自拔。如此一来，便无法活在当下，无法获得自在。

以往种种，譬如昨日死；此后种种，譬如今日生。以往的错事不必常挂心怀，只要你愿意，随时都可以重获新生。那些有过罪孽的人应该自己举行一个小小的“葬礼”，埋葬恶念，痛改前非，脱胎换骨，展现一个全新的自己。

禅意人生

断恶修善，须以真诚勇猛心，至诚忏悔，真心回头，正所谓“浪子回头金不换”，你就是好人。

第二辑

戒躁戒骄，任心一片清净

世人修身养性，最要紧的就是本心的“静”与“净”。然而，世人却在各种欲望的漩流中，变得越来越浮躁，已很少看到人们真正发自内心的宁静、祥和的微笑了。佛祖的捻花一笑，虽是静坐，祥和的神情，却已飞跃世间一切，那正是心灵修炼到最高境界的表现。因为他坐在了那个生命的根本之上，再也没有一丝的不和谐。

心中空明，禅意顿生

躁乱之时不妨走进山野，体会“明月松间照，清泉石上流”的意境，聆听“蝉噪林逾静，鸟鸣山更幽”的空灵，让躁动的心在自然的吟唱中得到安抚，让身心多一份清朗、通透。用淡然、平静来修身养性，便可旷达胸臆，进入空明。

“善知识，莫闻吾说空，便即著空。第一莫著空，若空心静坐，即著无记空”。针对《坛经》中的这“虚空”一说，不少禅师都做过解释，从谂禅师便是其中一位。从谂禅师曾经作过一首名为《鱼鼓颂》的诗偈，其偈中就暗藏了对虚空的认识：

四大由来造化功，有声全贵里头空。

莫嫌不与凡夫说，只为宫商调不同。

这首《鱼鼓颂》是从谂禅师在回答众人提问后的即兴之作。偈中的“鱼鼓”是鱼形木鼓，寺院用以击之以诵经的法器。他的这首偈可以这样理解：一切事物都是由地、水、火、风“四大”物质和合而成，“鱼鼓”自然也不例外。只不过大自然对它情有独钟，“造化”更为精巧工致而已。“鱼鼓”有声，妙在内无。这个道理凡夫俗子是不明白的，因为他们观察事物和认识人生的方法与禅者有所差异，有如音律中的宫商不尽相同一般。

从谂禅师借此偈喻指参禅悟道也应与鱼鼓一样，全然在“空”字之中：心中空明，禅境顿生。

唐代太守李翱听说药山禅师的大名，就想见一见他的庐山真面目。李翱四处寻访、跋山涉水终于在一棵松树下见到了药山禅师。

李翱恭恭敬敬地提出自己的问题，没想到药山禅师眼睛没有离开手中的经卷，对他总是不理不睬。位高权重的李翱怎么能够忍受这种怠慢，于是打算拂袖而去：“见面不如闻名。”这时药山禅师不紧不慢地开口了：“为什么你相信别人的传说而不相信自己的眼睛呢？”

李翱悚然回头，拜问：“请问什么是最根本的道理？”

药山禅师指一指天，再指一指地，然后问李翱：“明白了吗？”

李翱老实回答：“不明白。”

药山禅师提示他：“云在青天水在瓶。”

李翱如今才明白，激动之下写道：“证得身形似鹤形，千株松下两函经。我来问道无余话，云在青天水在瓶！”

药山禅师实际上是提示李翱，只要保持像白云一样自如自在的境界，何处不能自由，何处不是解脱？然而，在这个日益繁杂的社会中，大多数人都显得焦躁不安、迷失了快乐。他们的心随着外物波动起来，生活原本的宁静与安详被打破了，多数时候，这并不会给我们带来快乐，反而会使我们的内心承受煎熬。唯一可以改变这种状态的办法便是悟得“虚空”的禅机，保持内心的空明，于静处细心体味生活的点滴，让生活还原本色，找回原本属于自己的那份安详与宁静。

简而言之，无论你选择了什么为“道”，如果将其视为唯一重要之事而执着于此，就不是真正的“道”。唯有达到心中空无一物的境界，才是“悟道”。无论做什么，如果能以空明之心为之，一切都能轻而易举了。

禅意人生

世人的自性是生生不息的，纵然有人想停滞它，亦是白费心机。若世人能领悟自性、契合自性，那么他的人生便是合乎大道的，便可因智慧而得到解脱。倘若世人执着于世间的功名利禄以及种种事相，便是“着有”——执着于有。相反，倘若世人执着于世间清净，便是“着空”——执着于空。显然，后者是一种很高的境界。

闹中取静，置心安定中

佛祖身在烈火，如遇清凉境界。寻常人虽不能及，但心可趋之。若临乱世而不惊，处方舟而不躁，便可喜迎阴晴圆缺，笑傲风霜雨雪！

今时今日，物质条件日益改善，然而轻生者却屡屡出现；娱乐方式应由尽有，然而，抑郁症患者却在不断增多。这些，归根结底源于人的心理问题。也就是说，目前的我们心灵很混乱，因为混乱所以混沌。

我们不妨检视一下自己的内心，看看有多少嗔念、妄念徘徊不散，看看有多少不良情绪纠结其中？拜这些杂念所赐，我们亦如波涛上摇曳的一叶扁舟，时而被高高抛弃，瞬间又猛然落下。于是我们，想静，静不下，心乱如麻；想睡，睡不着，辗转反侧；想放，放不下，患得患失；心思烦乱，片刻不得安宁。

这便是所谓的浮躁，倘若不能建立一种智慧的人生观念，那么这种浮躁心态是不可能改变的。佛家要求修行人守戒律，其实就是要求他们简约生活、简约内心，以达到“有止有观”的境界。所谓“止”，便是将心持续关注在一个对象上，借此修行专注力与稳定性，当“止”有所成，便可以进一步修“观”了。作一个通俗的比喻，我们的心就如一汪潭水，当其中杂质沉淀以后，它便恢复往昔清澈，便可照物。而此时，即便再有一棵、两棵的杂草飘落，就会显得非常清楚，并不会使潭水泛起波澜。

不过对于我们这些普通人而言，要达到此境界是有一定难度的。因为在人生旅途中，有太多的未知因素影响着我们，这其中既有顺境亦有逆境。或许此时，我们风生水起、无往不利；或许彼时，我们步履艰难、如履薄冰。但纵然如此，我们依然尽量按捺住这股使自己茫然、不安的力量，因为它不仅是人生的大敌，更是各种心理疾病的根源所在。如果面对人生中的林林总总，我们能够抱持“任凭风浪起，稳坐钓鱼船”的态度，将心置于安定之中，不随外物流转而变动，我们的生活就会潇洒许多，反之，便是混沌的笼罩，智慧的丧失。

从前有一位神射手，名叫后羿。他练就了百步穿杨的好本领，立射、跪射、骑射样样精通，而且箭箭都能正中靶心，从来没有失过手。人们争相传颂他高超的射技，对他敬佩有加。

夏王也对这位神射手的本领早就有所耳闻，很想看他的表演。于是有一天，夏王将后羿召入宫中，要后羿单独给他一个人表演一番，以便尽情领略他那炉火纯青的射技。

夏王命人将后羿带到御花园，寻了一处开阔地，叫人拿来了一块一尺见方、靶心直径大约一寸的兽皮箭靶，并用手指着说："今天请你来，是想请你展示一下你那精湛的射箭本领，这个箭靶就是你的目标。为了使这次表演不至于因为没有竞争而沉闷乏味，我来给你定个赏罚规则，如果射中了，我就赏赐给你黄金万两；如果射不中，那就要削减你一千户的封地。现在请先生开始吧。"

后羿听了夏王的话，一言不发，面色变得凝重起来。他慢慢走到离箭靶一百步的地方，脚步显得相当沉重。然后，后羿取出一支箭搭上弓弦，摆好姿势拉开弓开始瞄准。

想到自己这一箭出去可能发生的结果，一向镇定的后羿呼吸变得急促起来，拉弓的手也微微颤抖，拉弓数次都没有将箭射出去。最后，后羿终于下定决心松开了弦，箭应声而出，"啪"的一声钉在距离靶心足有几寸远的地方。后羿脸色瞬间苍白起来，他再次弯弓搭箭，精神却更加难以集中，射出去的箭也就偏得更加离谱。

后羿收拾弓箭，勉强陪笑向夏王告辞，悻悻地离开了王宫。夏王在失望的同时掩饰不住心头的疑惑，于是问手下道："这个神箭手后羿平时射起箭来百发百中，为什么今天跟他定下了赏罚规则，他就大失水准了呢？"

手下解释说：“后羿平日射箭，不过是一般练习，在一颗平常心之下，水平自然可以正常发挥。可是今天他射出的成绩直接关系到他的切身利益，叫他怎能静下心来充分施展技术呢？看来一个人只有真正把赏罚置之度外，才能成为当之无愧的神箭手啊！”

利益之下，人往往会患得患失，倘若过分计较自己的利益，则成功必然会与我们相距甚远。从后羿身上，我们应该认识到——人，无论在何种情况下，都要尽量保持平常心。由此可见，浮躁这种情绪，无疑是我们成功路上的最大绊脚石，因为人一旦浮躁起来，就会进入一种应激状态中，火气变大，神经越发紧张，久而久之便演化成一种固定性格，使人在任何环境下都无法平静下来，导致人在无形中做出很多错误的判断，造成诸多难以弥补的损失。长此以往，便会形成一种恶性循环，终使我们被淹没于生活的急流之中。所以说，一个人若想在人生中有所建树，首先就要平心静气。

当内心平静之时，我们才有能力看清其中的一切活动，在每个杂念生起的当下，我们都能洞悉得明明白白，因为明白，便不会盲从、不会烦乱。只要我们对杂念保持警醒、保持距离，便有能力照破它，化解它。

事实上，这种能力是我们每个人的本心便具备的，而佛家倡导人修行，便是希望能够帮助迷失的人唤醒心灵力量。当然，我们不必出家，其实只要你能结合自己的人生阅历，在妄念起时设法使自己平静下来，用理性去观察人生百态，便可最大限度地除去幻想，躲过人生中的暗礁与陷阱，避免自己走上歧路。

总而言之，人生在世，必要时，我们需要在心中添上一把柴，以使希望之火燃得更加旺盛；有些时候，我们又要在心中加一块冰，让自己沸腾的心静下来，剔除那些不切实际的欲望。其实，只要我们能够真正静下心来，我们就一定会比现在好得多。

禅意人生

世人之心，总在东攀缘、西攀缘，一刻不得清宁，遂使杂念丛生，上下升腾，人也便浮躁起来。还心清净，让杂念不再有机会活动。当心渐渐平息，你便可由静生定，由定发慧。

为心除尘

一切污浊皆源于心，有时一点小小的污垢就足可以令人误入歧途。时时检查自己的心灵，切莫让那本是洁净的心灵蒙尘。

所谓“静心生净土”，而一个人在尘世间走得太久了，心灵便不可避免地会沾染上尘埃，使原来洁净的心灵受到污染和蒙蔽。所以，我们一定要懂得时刻修正自己的身心，当心为尘垢所蒙蔽时，要及时清除心中的杂质，洗涤心灵的污垢，让自己纯净的心灵重新显现。如此，我们便可行得正，坐得端。

想必，你一定见过你家的家具被蛛网缠绕，它囤积灰尘，使你无法看到角落的真实情况。灰尘越积越厚，错误越拖越多。你心灵上的蛛网，正暗自以你无法看见的姿态和无法预想的速度生长。

你原本可以不这样：对同事发牢骚，对家人发火，对工作不负责任，对明天感到绝望，对昨天感到后悔，对着街上的“奔驰”愤愤不平，对着别人的脊梁指指点点，对别人的进步不屑，为自己的退步找理由。你觉得天上星星是造成你到现在一无所有的罪魁祸首，你狠狠地把路边的瓶子踢到路中央去。

你的心灵也是这样，你不小心的忌妒、愤怒、泄气、自卑都在你的心灵上结网，即使你心底有很多善良和认真，天长日久没有出现在你的内在视线里，你就会以为自己真的是那样，最后对自己丧失了信心。请别怕脏，你越是嫌弃脏就越脏得厉害，勇敢地把它扯开，然后给予自己一个微笑。

其实，拨开它们并不算难，你只需找出丝网的源头，也就是找到使心灵蒙网的事情，然后冷静下来想清楚，自己和事情本身到底处在一个什么样的位置上，你对自己、别人和事情本身是不是都存在误解，自己可不可以换一种心境去理解，而不是让情绪一直走到底端。放纵自己的情绪是最不安全的事情，坏情绪肆虐起来，浑身的良性循环系统都会受到冲击；好情绪张扬起来一方面给人积极的姿态，但如若没有理性的辅助也会失控。

简单地说，一个人应该具有成熟的心态，即理性和感性交融的、自我调节能力平衡的状态。猥琐退缩或好大喜功都会把一个人推向看起来清晰直接，其实模糊混沌的思维状态。人不可能没有情绪，所以不能强求自己一定要心如止水，而要用有效的思维和积极的心态来调节。如果你高兴，就防止自己高兴过头；如果你情绪急剧下落，就遏制住势头，从而使心态转向平和。因为只有一个心态平和的人才能有效并明智地运用理性的洞察，做那些大而细腻的事情。

所以，为了保持心灵家园的纯洁，我们必须选择勇敢、乐观、积极的思想，并且及时进行“精神扫除”，丢弃或扫掉拖累心灵的东西。除此之外，还可以用美德来充盈我们的心灵空间，让垃圾再无容身之处。

鼎州禅师与一位小沙弥在庭院里散步，突然刮起了一阵大风，从树上落下了好多树叶鼎州禅师就弯下腰，将树叶一片片地捡了起来，放在口袋里。站在一旁的小沙弥忍不住劝说道：“师父！您老不要捡了，反正明天一大早，我们都会把它打扫干净的。您没必要这么辛苦的。”

鼎州禅师不以为然地说道：“话不是你这样讲的，打扫叶子，难道就一定能扫干净吗？而我多捡一片，就会使地上多一分干净啊！而且我也不觉得辛苦呀！”

小沙弥又说道：“师父，落叶这么多，您在前面捡，它后面又会落下来，那您要什么时候才能捡得完呢？”

鼎州禅师一边捡一边说道：“树叶不光是落在地面上，它也落在我们心地上，我是在捡我心地上的落叶，这终有捡完的时候。”

小沙弥听后，终于懂得禅者的生活是什么了。之后，他更是精进修行。

当年佛陀在世的时候，有一位弟子叫“周利槃陀伽”，本性十分愚笨，怎么教都记不得，连一首偈，他都只是念前句忘后句，念后句忘前句的。

一天，佛陀问他：“你会什么？”

周利槃陀伽惭愧地说道：“师父，弟子实在愚钝，辜负了您的一番教诲，我只会扫地。”

佛陀拍拍他的肩头说：“没有关系，众生皆有佛性，只要用心你一定会领悟的。我现在教你一偈，从今以后，你扫地的时候用心念‘拂尘扫垢’。”

听了佛陀的话，愚钝的周利槃陀伽每次扫地的时候都很用心地念，念了很久以后，突然有一天他想道：“外面的尘垢脏时，要用扫把去扫，而内心污秽时又要怎样才能清扫干净呢?”

就这样，周利槃陀伽终于开悟了。

鼎州禅师的捡落叶，不如说是捡去心中的妄想烦恼。大地山河有多少落叶且不必去管它，而人心里的落叶则是捡一片少一片；禅者，只要当下安心，就立刻拥有了大千世界的一切。

儒家主张凡事求诸己，日省吾身三次；禅者则认为随其心净则国土净，故有情众生都应随时随地除去自己心上的落叶，即所谓“佛尘扫垢”，还自己一片清静。

人心就好比一面镜子，只有拭去镜面上的灰尘，镜子才能光亮，才能照清人的本来面目，所以，一个人也只有常常拭去心灵上的尘埃，方能露出其纯真、善良的本性来。

刚出生的小孩，是那么的纯净、那么透明、那么可爱，让人忍不住要去爱怜。但是随着他的长大，就变得越来越不可爱了，有的到后来甚至十分令人讨厌，这是为什么？为何保持一份内心的洁净是如此困难？红尘浊世，是什么改变了我们?

生活中，财、色、利、贪、懒……时刻潜伏在我们的周围，像看不见的灰尘一样无孔不入。时间长了，不去清扫，人的心上就会积着厚厚的一层，灵智被蒙蔽了，善良被遮挡了，纯真亦不复见。

那些尘埃，颗粒极小、极轻。起初，我们全然不觉它们的存在，比如一丝贪婪、一些自私、一点懒惰、几分忌妒、几缕怨恨、几次欺骗……这些不太可爱的意念，像细微的尘灰，悄无声息地落在我们心灵的边角，而大多数的人并没注意，没去及时地清扫，结果越积越厚，直到有一天完全占满了内心，再也找不到自我。

落叶之轻，尘埃之微，刚落下来的时候难有感觉，但是存得久了，积得多了，清理起来就没那么容易了。在生命的过程中，也许我们无法躲避漂浮着的微尘，但千万不要忘记拂去，只有这样，我们的心灵才会如生命之初那般清洁、明净、透明！

禅意人生

一个真正善良的、受人尊敬的人首先要有一颗纤尘不染的心。外面的环境可以藏污纳垢，但我们的内心不能同流合污。心静则明白事理，心净则无愧己心。做轻轻松松、清清爽爽的好人，先从净化自己的内心开始。

热闹场亦可作道场

你且静看那莲花初绽，出于淤泥，却依旧心净气洁、不染尘丝。你心比莲心，自是莲心更比人心净。

一个人的心灵清净了，世界也就随之清明。人活于世，即便他双目失明，但只要心是明了的，他也什么都能看得见。我们做人，首先便要静心，让内心诸如烦恼、欲望、忧愁、痛苦等无形的纷扰止息下来，否则一不留神它们便可能发霉、腐烂，我们的心灵世界就岌岌可危了。

其实，世上本无事，庸人自扰之。很多时候，烦恼都是自找的，要想从烦恼的牢笼中解脱，首先要做到“心无一物”，放下心中的一切杂念，不为外物的悲喜所侵扰，才能够抛却一切的烦恼，得到内心的安宁。

萧伯纳曾经说过：“痛苦的秘诀在于有闲工夫担心自己是否幸福。”有的年轻人，四处寻找解脱烦恼的秘诀，却不知道这其实将带来更多的烦恼。许多烦恼和忧愁缘于外物，却是发自内心，如果心灵没有受到束缚，外界再多的侵扰都无法动摇你宁谧的心灵，反之，如果内心波澜起伏，汲汲于功利，汲汲于悲喜，那么即便是再安逸的环境，都无法洗脱你心灵上的尘埃。正所谓“菩提本无树，明镜亦非台，本来无一物，何处惹尘埃”，一切的杂念与烦忧，都是自动摇的心旌所激荡起的涟漪，只要带着牧童牛背吹笛、老翁临渊钓鱼的心绪，而不去自寻烦忧，那么，烦扰自当远离。

有一位虔诚的佛教信徒，每天都从自家的花园里，采撷鲜花到寺院供佛。

一天，当她正送花到佛殿时，碰巧遇到无德禅师从法堂出来，无德禅师非常欣喜地说道：“你每天都这么虔诚地以香花供佛，来世当得庄严相貌的福报。”

信徒非常欢喜地回答道：“这是应该的，我每天来寺礼佛时，自觉心灵就像洗涤过似的清凉，但回到家中，心就烦乱了。我这样一个家庭主妇，如何在喧嚣的城市中保持一颗清净的心呢?”

无德禅师反问道：“你以鲜花献佛，相信你对花草总有一些常识，我现在问你，你如何保持花朵的新鲜呢?”

信徒答道：“保持花朵新鲜的方法，莫过于每天换水，并且在换水时把花梗剪去一截；因为花梗的一端在水里容易腐烂，腐烂之后，水分就不易吸收，就容易凋谢!”

无德禅师道：“保持一颗清净的心，其道理也是一样。我们生活的环境像瓶里的水，我们就是花，唯有不停净化我们的身心，变化我们的气质，并且不断地忏悔、检讨、改进陋习、缺点，才能不断吸收到大自然的食粮。”

信徒听后，欢喜地作礼，并且感激地说：“谢谢禅师的开示，希望以后有机会亲近禅师，过一段寺院中禅者的生活，享受晨钟暮鼓、菩提梵唱的宁静。”

无德禅师道：“你的呼吸便是梵唱，脉搏跳动就是钟鼓，身体便是庙宇，两耳就是菩提，无处不是宁静，又何必等机会到寺院中生活呢?”

是啊，热闹场中亦可作道场；只要自已丢下妄缘，抛开杂念，哪里不可宁静呢？如果妄念不除，即使住在深山古寺，一样无法修行。正如六祖慧能所说不是风动、不是幡动，是人者心动。心才是无法宁静的本源。解决生活乃至生命的苦恼，并不在苦恼的本身，而是要有一个开阔的心灵世界；人们只有止息心的纷扰，才不会被外在的苦恼所困厄，因此要解脱烦恼，就在于自我意念的清净。

只要我们能够放下对尘世中各种意识的执着，便可得到一个净土世界。相反，你若是一意执着于一个悲伤心念，那么你所踏入的便是悲伤世界，当你放下心中悲伤念头时，才能够从中解脱出来。然而，世上大多数人恰恰都执着于此，所以按佛家所言，多数人生前死后都停留在一个悲伤世界中。或许真的如此，在生活中，我们每个人都在被情感、家庭、社会所缠绕，找不到安心的所在；唯有像佛祖一样讲觉悟，好好地在自已的身上下功夫，从内心的观照里，去改正自己的一言一行，才不至于觉得无休止的劳苦。

三国传奇人物诸葛亮在54岁时写下了《诫子书》，他在书中告诫自己八岁的儿子诸葛瞻：“学须静也，才须学也。非学无以广才，非静无以成学。”在诸葛亮看来，心不净则必然理不清，理不清则必然事不明，人一旦心乱，就会失去理智，陷入迷茫。相反，人心若能进入“静”的境界，就会豁然开朗，人生便多了一些祥和，少了一些纷争；多了一些福事，少了一些灾祸。

是的，外在的纠葛、攫取太多，心就没有办法安宁，更无法净化；人对外在无限制地索取，常常是以支付心灵的尊严为代价的。我们应该抬起头来，看看屋外的松林，听听松涛的呼唤，眺望远处的大海以及满风的帆船，我们的心中会有对生命新的转移与看待。

禅意人生

当一个人感觉累时，或许是人累，更有可能是心累，这时便需要安静一下。试着除去内心的浮躁，寻一方净土，为心灵放一个假，去静静聆听那些净化心灵的佛音。只要我们能够静下心来，便可以聆听到外界的很多声音，一如风过竹林的簌簌声、雨打芭蕉的滴答声、窗外鸟叫虫鸣的啾啾声……人的心多在静时较为敏锐，由此，外面的境界亦历历可辨。倘若我们在静谧之中能够多用些心，智慧便会从中而生。

心中无事天地宽

宁静不是归于混沌，亦不是避世求隐，而是置身于喧嚣之中，你的心依然能够保持安宁……

"六根清净"，不单是指耳不听恶声，也包括心不想恶事在内，眼、耳、鼻、舌、身、意六者都要不留任何印象才行。而物我两忘是使物我相对关系不复存在，这时绝对境界就自然可以出现。

由此可见，心外世界如何并不重要，重要的是我们的内心世界。因为，一个胸怀开阔的人，即便身居囫囵，亦可转境，将小小囚房视为大千世界；一个心思狭隘、欲念横流的人，即便拥有整座大厦，亦不会感到称心如意。

一个罪犯的“丑事”大白于天下，定罪以后遂被关押在某地区监狱。他的牢房非常狭小、阴暗，住在里面很是受拘束。罪犯内心充满了愤慨与不平，他认为这间小囚牢简直就是人间炼狱。在这种环境中，罪犯所想的并不是如何认真改造，争取早日重新做人，而是每天都要怨天尤人，不停地叹息。

一天，牢房中飞进一只苍蝇，它“嗡嗡”地叫个不停，到处乱飞乱撞。罪犯原本就很糟糕的心情，被苍蝇搅得更加烦躁，他心想：“我已经够烦了，你还来招惹我，真是气死人了，我一定要捉到你！”他小心翼翼地捕捉，无奈苍蝇比他更机灵，每当快要被捉到时，它就会轻盈地飞走。苍蝇飞到东边，他就向东边一扑；苍蝇飞到西边，他又往西边一扑。他捉了很久，依然无法捉到。最后，罪犯感慨地说道：“原来我的小囚房不小啊，居然连一只苍蝇都捉不到。”

感慨之余，罪犯突然领悟到，人生在世无论称意与否，若能做到心静，则万事皆可释怀，若能做到心静，自己也绝不至于身陷囹圄。其实他早该明白：“心中有事世间小，心中无事天地宽。”

心中平静，内心自然凉快。我们在遭遇问题、困难、挫折时，若能放平心态，以一颗平常心去迎接生活中的所有问题，则世界就会变得无限宽广。

曾闻人言，心灵的困窘，是人生中最可怕的贫穷。一个人倘若脱离外界的刺激依然能够活得快乐自得，那么，他就能够守住内心的安宁与安详。然而，我们多是普通人，每日穿梭于嘈杂人流之中、置身于喧嚣的环境之下，又有几人能够做到任心清净呢？于是，很多人需要寄托于外界的刺激来感受自己的存在；于是便见得一些人沉溺于声色犬马之中，久久不能自拔；于是又见得一些人自诩为“隐者”，远避人群以求得安宁。殊不知，故意离开人群便是执着于自我，刻意去追求宁静实际是骚动的根源，如此又怎能达到将自我与他人一同看待、将宁静与喧嚣一起忘却的境界呢？

求得内心的宁静在于心，环境在于其次。否则把自己放进真空罩子里不就真静无菌了吗？其实，这样的环境虽然宁静，假如不能忘却俗世事物，内心仍然是一团繁杂。何况即使自己和人群隔离，同样表示你内心还存有自己、物我、动静的观念，自然也就无法获得真正的宁静和动静如一的主观思想，从而也就不能真正达到身心俱安宁的境界。

真正的心净之人，对于外界的嘈杂、喧嚣具有极强的免疫功能，他们耳朵根子听东西就像狂风吹过山谷造成巨响，过后却什么也没有留下；他们内心的境界就像月光照映在水中，空空如也不着痕迹。如此一来，世间的一切恩恩怨怨、是是非非，便都宣告消失了，这才是真正的物我两相忘。

当然，以现实状况来看，绝对的境界即人的感官不可能一点不受外物的感染，但要提高自身的修养，加强意志锻炼，控制住自己的种种欲望，排除私心杂念，建立高尚的情操境界却是完全可能的。

那么就让我们从今天开始，由己及彼，从心着手，静化灵魂，则我们必然会受益匪浅。

禅意人生

“春有百花秋有月，夏有凉风冬有雪；若无闲事挂心头，便是人间好时节”。无论这世间如何变化，只要我们的内心不为外境所动，则一切是非、一切得失、一切荣辱都不能影响我们。而这种状态下，我们的内心世界将是无限宽广的。

此心平常，荣辱不惊

此身常放在闲处，荣辱得失谁能差遣我；此身常在静中，是非利害谁能瞒昧我？

佛家修行的最高境界是“空”，世间万事皆空，心若止水，荣辱不惊，其要点便在于修心。俗世人生的修炼也是如此，需要一份定力，不因荣而骄，亦不因辱躁，荣辱不惊，保持平常心。这是人生的一种境界，它不是平庸，它是来自灵魂深处的表白，是源于对现实清醒的认识。人生在世，不见得都会权倾四野和威风八面，也就是说最舒心的享受不一定是荣誉的满足，而是性情的安然与恬淡。因此说，荣辱不惊，用一颗平常心去对待、解析生活，就能领悟到生活的真谛。

居里夫人曾两度获得诺贝尔奖，她是怎么样对待自己的名誉呢？得奖出名之后，她照样钻进实验室里，埋头苦干，而把成功和荣誉的金质奖章给小女儿当玩具。有的客人见了感到非常惊讶。居里夫人却笑了笑说：“我要让孩子们从小就知道，荣誉就像玩具一样，只能玩玩罢了，绝不能永远地守着它，否则你将一事无成。”

《菜根谭》上说：“此身常放在闲处，荣辱得失谁能差遣我；此身常在静中，是非利害谁能瞒昧我。”意思是说，经常把自己的身心放在安闲的环境中，世间所有的荣华富贵和成败得失都无法左右我，经常把自己的身心放在安宁的环境中，人间的功名利禄和是是非非就不能欺骗蒙蔽我了。

时光荏苒，人生短暂。要快乐地品尝人生的盛宴，需要每个人拥有一份荣辱不惊、不卑不亢的平常心态。即使身份卑微，也不必愁眉苦脸，要快乐地抬起头，尽情地享受阳光；即使没有骄人的学历，也不必怨天尤人，而要保持一种积极拼搏的人生态度；当我们出入豪华场所，用不着为自己过时的衣着而羞愧；遇见大款老板、高官名人，也用不着点头哈腰，不妨礼貌地与他们点头微笑。

荣辱不惊，是一种处世智慧，更是一门生活艺术。人生在世，生活中有褒有贬，有毁有誉，有荣有辱，这是人生的寻常际遇，不足为奇。古往今来无数事实证明，凡事有所成、业有所就者无不具有“荣辱不惊”这种极宝贵的品格。荣也自然，辱也自在，一往无前，否极泰来。

在现实生活中难免会遭到不幸和烦恼的突然袭击，有一些人，面对从天而降的灾难，处之泰然，总能使平常和开朗永驻心中；也有一些人面对突变而方寸大乱，甚至一蹶不振，从此浑浑噩噩。为什么受到同样的心理刺激，不同的人会产生如此大的反差呢？原因在于能否保持一颗平常心，荣辱不惊。

著名女作家冰心曾亲笔写下这样一句话：“有了爱就有了一切。”看到这句话，不禁让人感到一种身心的净化，受到一种圣洁灵魂的感染。在冰心的身上，永远看到的是一个人生命力的旺盛，看到的是一颗跳动了近百年的、在思考、在奋斗的年轻、从容的心。老了之后尽管行动不便，但她每早起床就大量阅报读刊，了解文坛动态，然后就握笔为文，小说、散文、杂文、自传、评论、序跋，无所不写。在遗嘱里她还写下了这样的句子：“我悄悄地来到这个世上，也愿意悄悄地离去。”

成功时不心花怒放，莺歌燕舞，纵情狂笑，失败时也绝不愁眉紧锁，茶饭不思，夜不能寐。拥有了一颗平常心，就拥有了一种超然、一种豁达，故达观者宠亦泰然，辱亦淡然。成功了，向所有支持者和反对者致以满足的微笑；失败了，转过身揩干痛苦的泪水。

实际上，生活就如同弹琴，弦太松弹不出声音，弦太紧会断，保持平常心才是悟道之本。古今中外的大多数伟人，他们沉着冷静，遇事不慌，及时应变，正确判断所处局势，取得了令人瞩目的成就。一般来说，人们只要不是处在疯狂或激怒的状态下，都能够保持自制并做出正确的决定。荣辱不惊的情绪，不仅平时可以给生活带来幸福稳定和畅快，而且能在大难临头的时候，帮助你转危为安，逢凶化吉。

在平常心的世界里，一切都被看得平平常常，即“宠辱不惊，看庭前花开花落，去留无意，望天空云卷云舒”。

当然，保持平常心绝不是安于现状。人类的伟大在于永不休止地追求和渴望，历史的嬗变在于千百万创造历史的人们永无休止地劳作。生命是一个过程，而生活是一条小舟。当我们驾着生活的小舟在生命这条河中款款漂流时，我们的生命乐趣，既来自对伟岸高山的深深敬仰，也来自于对草地低谷的切切爱怜；既来自于与惊涛骇浪的奋勇搏击，也来自于对细波微澜的默默深思。

禅意人生

平常的生命、平常的生活一经升华，就会变得不那么平常起来。因为生命和生活是美丽的，这种美丽恰恰蛰伏于最容易被我们忽略的平平常常之中。没有珍惜平常的人，不会创造出惊天动地的伟业，没有把平常日子过好的人，体味不到人生的幸福，因为平常孕育着一切，包容着一切，一切都蕴含在平常之中。

留住真我本性

真我本性常因外物污染而迷惑，进而丧失真我，于是红尘中纷扰迭出。摒除善恶得失的相对价值观念，超越绝对便可发现本性！因为禅即是佛，禅即是道也，禅完全超越了理性与反理性！人只有返璞归真，恢复真我本性，才能跳出苦海。

人们先天就具有一种觉悟本性，而这种觉悟本性本来就是洁净无瑕、没有蒙受世俗间的尘埃污染的。其实，人们的一切行为都来源于这种本性，一旦依照这种本性处世，得到的结果往往就是成功。

达摩祖师曾经做过一偈，名为《一花开五叶》，说的就是一种追求本性，结果自然成的境界：

吾本来兹土，传法救迷情。

一花开五叶，结果自然成。

这是昔日达摩祖师给慧可禅师的一首示法偈。当初达摩祖师来东土中国的目的，就是遵从师教，用佛理来通大义，解救迷途的众生。达摩初至建康（今江苏南京）讲学，梁武帝不契，遂渡江北上到少林寺静修。达摩祖师所说的“一花开五叶”，指的是日后中土禅宗分为五宗：临济宗、沩仰宗、曹洞宗、云门宗、法眼宗。到六祖慧能立宗，直宣“教外别传，不立文字，直指人心，见性成佛”的要旨，诚如达摩所言，真正是“结果自然成”。

然而，凡尘俗世的纷繁芜杂使我们渐染失于心性的杂色。每一次的呈现都多了一点修饰，每一次的语言都少了一分真实。习惯于疲惫地伪装，总以为这样就可以赢得更多，过得更好。蓦然回首，那些希冀着的，仍需希冀，那些渴盼着的，仍需渴盼，唯独改变了的是自己的本性。扪心自问：“我是否在意过自己最真实的内心世界，尊重过自己的本性？”心会告诉你那个最真实的答案。有多少人曾想过改变自己，以追逐想要的一切，到头来才发现，自己做了一个邯郸学步的寿陵少年，不仅没有得到自己想要的，还丢了自己最初拥有的。那么，当初为什么就不能尊重自己的本性，做那个最真的自己？也许正是因为没有彻悟。

随着岁月更移，蓦然回首你会发现，其实修饰并未能让你赢得更多，也不曾使你过得更好。甚至，我们不仅没有得到自己想要的，还丢了最初所拥有的，而自己俨然已渐渐失去了本性，迷失了真我之心，成为了一叶随波的浮萍。既如此，何不做好真我？那样，你也会是一道不错的风景。尊重真我本性，秉承真我之心，不随波逐流，你便不会迷失；走自己的路，清心寡欲，充实自我，不从外物取物，而从内心取心，你便可将自己的人生修炼成一道独特的风景线。

文喜禅师去五台山朝拜。到达前，晚上在一茅屋里住宿，茅屋里住着一位老翁。文喜就问老翁：“此间道场内容如何？”

老翁回答道：“龙蛇混杂，凡圣交参。”

文喜接着问：“住众多少？”

老翁回答："前三三，后三三。"

文喜第二天起来，茅屋不见了，只见文殊骑着狮子步入云中，文喜自悔有眼不识菩萨，空自错过。

文喜后来参访仰山禅师时开悟，安心住下来担任煮饭的工作。一天他从饭锅蒸汽上又见文殊现身，便举铲打去，还说："文殊自文殊，文喜自文喜，今日惑乱我不得了。"

文殊说偈云："苦瓜连根苦，甜瓜彻蒂甜，修行三大劫，却被这僧嫌。"

认识自己本性的过程是功！认识本性之后，依照本性来做事，使自身本性得以舒展，这便是德！偏偏有时，我们总把眼光放在外界，追逐于自己所想的美好事物，因而常常忽视了自己的本性，在利欲的诱惑中迷失了自己。所以才终日心外求法，因此而患得患失。如果能明白自己的本性，坚守自己的心灵领地，又何必自悔自恼呢？

诗人卞之琳写道："你站在桥上看风景，看风景的人在楼上看你。"带着妻儿到乡间散步，这当然是一道风景；带着情人在歌厅摇曳，也是一种情调；大权在握的要员静下心来，有时会羡慕那些路灯下对弈的老百姓，可是平民百姓没有一个不期盼来日能出人头地的；拖家带口的人羡慕独身的自在洒脱，独身者却又对儿女绕膝的那种天伦之乐心向往之……

皇帝有皇帝的烦恼，乞儿有乞儿的欢乐。乞儿的朱元璋变成了皇帝，皇帝的溥仪变成了平民，四季交错，风云不定。一幅曾获世界大赛金奖的漫画画出了深意：第一幅是两个鱼缸里对望的鱼，第二幅是两个鱼缸里的鱼相互跃进对方的鱼缸，第三幅和第一幅一模一样，换了鱼缸的鱼又在对望着。

我们常常会羡慕和追求别人的美丽，却忘了尊重自己的本性，稍一受外界的诱惑就可能随波逐流。事实上，每一个人都有自己独有的优点和潜力，只要你能认识到自己的这些优点，并使之充分发挥，你也必能成为某一领域的领军人物。

其实，做人没有必要总是做一个跟从者，一个旁观者只需知道自己的本性就足可以成为一道风景。不从外物取物，而从内心取心，先树自己，再造一切，这才是你首先要做的。

禅意人生

尘世间充满利益诱惑，倘若一味追逐，终日心外求法、患得患失，如此又怎能反映出本性，又如何坚守心灵净土？富翁或许艳羡百姓的悠然生活，而平民又有谁不期盼出人头地？结婚者羡慕独身，独身者又何尝不羡慕一家三口的天伦之乐？很多时候，我们只顾着追求别人的美丽，却遗失了自己的本性。其实，每个人都有其独特的潜力和气质。

第三辑

不慕虚荣，勿攀勿比勿忌

得不到的东西，我们会一直以为它是美好的，那是因为你对它了解太少，没有时间与它相处在一起。当有一天，你深入了解后，你会发现原不是你想象的那么美好。所以我们何必羡慕、忌妒别人呢？这样不会给自己增加任何好处，也不可能减少别人的成就。

刹住比较心

人一旦有了比较心，便意不能平，终日惶惶于所欲，去追寻那些多余的东西，空耗年华，难得安乐。

心律法师说：“他是他，你是你，他有的你不一定有，你有的他也未必有，为什么一定要和他人攀比呢?”是啊，为什么要与人攀比呢？正所谓“尺有所短，寸有所长”，山羊矮自有矮的好处，骆驼高也有高的优势。正确地认知自己，不盲目地与人做比较，你才会过得幸福。

然而很多人并不是这样，他们聚在一起就要攀比：比事业、比地位、比房子、比车子、比银子……于是，越比越急、越比越累。老实说，这种烦恼都是自找的！为何不让自己轻松一些？

是的，尽管我们都知道“人比人，气死人”的道理，可在生活中，我们还是要将自己与周围环境中的各色人物进行比较，比得过的便心满意足，比不过的便在那儿生闷气发脾气，这其实都是我们的攀比之心在作怪，说白了还是虚荣心在那里作怪。有这种心理的人会将别人的任何东西都拿来与自己的进行比较：家里住多大的房子、有什么样的车子、花钱的派头、地板砖的质地、孩子的学习，当然更多的就是比谁家住的、吃的、用的、玩的更阔气！

在我国历史上也常有互相攀比的故事发生。

北魏时期河间王琛家中非常阔绰，常常与北魏皇族的高阳进行攀比，要决一高低，家中珍宝、玉器、古玩、绫罗、绸缎、锦绣，无奇不有。有一次王琛对皇族元融说：“不恨我不见石崇，恨石崇不见我！”而石崇本身就是一个又富贵又爱攀比的人。

元融回家后闷闷不乐，恨自己不及王琛财宝多，竟然忧虑成病，对来探问他的人说：“原来我以为只有高阳一人比我富有，谁知道王琛也比我富有，唉！”

还是这个元融，在一次赏赐中，太后让百官任意取绢，只要拿得动就属于他了。这个元融居然扛得太多致使自己跌倒伤了脚，太后看到这种情景便不给他绢了，被当时人们引为笑谈。

南北朝时有一个叫符朗的官员，当时朝中官员们有一个时尚：用唾壶。符朗为了攀比、炫耀，让小孩子跪在地上，张着口，符朗将痰吐进去，攀比到了用孩子作唾壶的地步！

分析人之所以乐于攀比不疲的原因，实际上是一个面子问题。

人生在世，但凡是个正常的人，多多少少都有些虚荣，虚荣本来无可厚非，但虚荣过火之时便是让人讨厌之时。这攀比就是因过度虚荣而表现出来的一种让人讨厌的性格特征。

攀比有以下害处：

一、令人情绪无常。当攀比之后，胜了别人，立刻情绪高涨，自大狂妄，以为天下唯有我是最了不起的；可是比得过甲，不见得比得过乙，不如乙的时候立刻情绪低落，感觉脸上无光，一点面子没有，恨不得找个缝隙自己钻进去。

像元融，见别人的财富珍宝多过自己，立刻满脸忧虑，甚至都愁出病来。

二、易伤害交际感情。人在社会中，必须与他人交往，如果你在群体中不是去攀比甲，就是攀比乙，在攀比之中会伤害和你交往的对象。比得过，你便轻视别人，看不起别人，从而不尊重别人，别人只能对你不置可否；比不过的，你会满含妒意，或造谣，或诬陷，对人用尽一切诋毁之手段，同样会伤害别人的感情，破坏良好的交际关系。大家最后都懒得与你来往。

三、攀比易使人走上歧途。这无非是想尽一切办法去扩大自己的财富，提高自己的名声。当你所使用的手段不是那么正大光明时，比如你通过贪污挪用、行贿受贿来扩大自己的财富，好去虚荣地攀比，那么总有一天你会锒铛入狱的。

很多人并不认为自己是攀比，而认为自己的花钱多、购物多、上档次、穿名牌、拿手机、玩掌上电脑是讲究生活品质，自诩那些一掷千金、一掷万金的举动是“为了追求生活品质”“为了讲究生活品质”！

实际上，那些真正讲究生活品质的人并不是体现在表面上，也不是纯粹表现在物质这个浅层次上，“讲究生活品质”只不过是为自己肤浅的攀比行为打掩护。你只要在镜中照一下自己眼角的那处不屑、那处自满，你就会明白“生活质量”不过是攀比、炫耀的代名词！事实上，这只不过是失去了求好的精神，而将心灵、目光专注于物质欲望的满足上。在一个失去求好精神的社会中，人们误以为摆阔、奢侈、浪费就是生活品质，逐渐失去了生活品质的实质，进而使人们失去对生活品质的判断力，攀比着追逐名牌，追逐金钱，追逐各种欲望的满足。难怪人们在物质欲望满足之际，却无聊地在那儿打哈欠，无聊地在夜里互相攀比着烧钱玩！

但很多人还是在羡慕那些住大房子、开名牌车、穿着入时的人，以为那才是生活，那才是生活的本质，于是这些人不择手段地去追求，甚至到心力交瘁的地步。奉劝大家一句，如果你是一个攀比的人、一个试图攀比的人，那么请停下你的脚步吧，别让虚荣阻碍了你享受生活。攀比让你的虚荣心满足，可为了这满足你却付出了多大的代价：想方设法、不择手段、焦头烂额、心力交瘁，更大的代价是你忘了生活中还有比攀比更让人感到愉悦的事情。

你要去创造自己的生活品质。真正的生活品质是回到自我，清楚地衡量自己的能力与条件，在这有限的条件下追求最好的事物与生活。生活品质是因长久培养了求好的精神，从而有自信、丰富的内心世界；在外可以依靠敏感的直觉找到生活中最好的东西，在内则能居陋巷、饮粗茶、吃淡饭而依然创造愉悦多元的心灵空间。

禅意人生

与别人攀来比去，最后除了虚荣的满足或失望之外，还剩下什么，有没有意义？是徒增烦恼还是有所收获？最后思考的结果即毫无意义。你感到无意义，自然就会停止这种无聊的行为。我们要知道，生活是自己的，只要自己过得开心、舒适就好，何必让有害无益的攀比损害自己的幸福呢？

忌妒是为魔障

见别人胜过自己，心生不快，这也是俱生烦恼，鲜有人没有这种烦恼。修行之人看到别人胜事，心中泛酸，需立即觉悟。因为忌妒心一起，便会破坏清净心，障碍自己的觉、正、净。这实为魔障！

自己想获得，而不愿他人也拥有，对于已经拥有者生愤恨心，便是忌妒。而修行之人是一定要戒除忌妒心的，因为此念包含贪、嗔、痴，无一不缺，果报迅速明显，不可轻视。

在现实生活中，这种心理是十分常见的，对自己的伤害也颇大。它是一种极端情绪，是内心失衡的一种表现，每个人或多或少都会有点忌妒心理，关键看你如何去把握，如何去控制。一旦忌妒心理失控，不但难以有所建树，还会让自己活得疲惫不堪。

须知，一切忌妒的火，都是从燃烧自己开始。忌妒者内心充满痛苦、焦虑、不安与怨恨，这些情绪久久郁积于内心，就会导致内分泌系统功能失调，心血管或神经系统功能紊乱，甚至破坏消化系统、血液循环系统的正常运行，会使大脑皮层下丘脑垂体激素、肾上腺皮质类激素分泌增加，使血清素类化学物质降低，引起多种疾病，如神经官能症、高血压、心脏病、肾病、肠胃病等，从而影响身心健康。所以说，忌妒不仅是我们成功的障碍，更是我们健康的杀手，自你将忌妒种在心里的那一刻起，你的幸福感就逐渐消失了。

在我国的文学作品中，因忌自殒、贻笑千古的当首推“周郎”了。

东汉末年，官渡一役令曹操声威大震，日益强盛起来。他先灭河北袁绍，又以不可挡之势先后灭掉几个大小诸侯，将刘备赶得几乎无处栖身，最后又盯上了虎踞江东的孙权。曹操势大，诸葛亮遂提出联孙抗曹之论，刘备然之。于是，诸葛亮只身入东吴，舌战群雄、智激孙权，终与东吴结盟。

诸葛亮在吴期间，东吴都督周瑜忌诸葛亮之才，一心翦除以绝后患，但均被诸葛亮洞察先机一一化解，由此妒意愈深。

赤壁一战，凭诸葛亮、周瑜之智，得庞统、徐庶相助，火烧连环船，杀得曹军尸横遍野、血染江河，若不得关羽华容道义释，几近无一生还。得意之余，周瑜欲乘胜而进，吞并曹操在荆州的地盘，谁知却被诸葛亮捷足先登。周瑜不甘，意欲强攻，又被赵云射回，自己还中了一箭。

此后，东吴几次追要荆州均无功而返，周瑜不禁心生一计，与孙权密谋假嫁妹，赚刘备入东吴，再图之。可惜，此计又未能逃过诸葛亮的眼睛，他授予赵云三个锦囊，最终使得周瑜“赔了夫人又折兵”。

终于，周瑜按捺不住，欲“借道伐虢”，一举灭掉刘备，却被深谙兵法的诸葛亮挡回，并书信一封讥讽周瑜。周瑜原本气量狭小，三气之下终于长叹一声“既生瑜，何生亮”，追随孙策而去。

有历史学家提出，诸葛亮与周瑜平生并无交集，这是罗贯中先生为神化诸葛亮而杜撰的情节。史实如何，我们且不去管它，然周瑜的一句“既生瑜，何生亮”却一直受到君子们的诟病，其原因就在于他没有一个正确的心态。面对才高于己的人，他不去谦虚讨教，以求他日赶超诸葛亮，反而去忌妒、去陷害，最终负了孙策昔日之托，大业未成便撒手人寰。

忌妒心强的人，一般自卑感都比较强，没有能力、没有信心赶超先进者，但却又有着极强的虚荣心，不甘心落后，不满足现状，所以看到一个人走在他前面了，他眼红、痛恨；另一个人也走在他前面了，他埋怨、愤怒、说三道四；第三个人又走在他前面了，他妒火上升、坐立不安……一方面，他要盯住成功者，试图找出他们成功的原因；另一方面，忌妒又使得他心胸狭窄，戴着有色眼镜去看待别人的成功，觉得别人成功的原因似乎都是用不光彩的手段得来的，因而便想方设法去贬低他人，到处散布诽谤别人的谣言，有时甚至会干出伤天害理的事情来。这样做的结果，不但伤害了别人，同时也降低了自己的人格，毁掉了自己的荣誉，事后又难以避免地陷进自愧、自惭、自责、自罪、自弃等心理状态之中，为此夜不成眠，昼不能安，自己折磨自己。

很明显，忌妒人正是因为己不如人。那么，我们为何不将忌妒化作一种动力，借助这股动力去弥补自身的不足，赶超比你强的人呢？将忌妒升华为良性竞争行为，忌妒者会奋发进取，努力缩小与被忌妒者之间的差距；而被忌妒者面临挑战，一般也不会置若罔闻，为保持和发展自己的优势地位，他们会选择迎接挑战，从而强化竞争。也就是说，忌妒可能会引发并维持一种现象，在良性竞争过程中，忌妒双方一变而为竞争的双方，互相促进，共同优化。

忌妒产生并促进良性竞争，从这个意义上说：“忌妒是一种很伟大的存在。”但是，因忌妒而采取如此积极态度和行为的人实在太少，忌妒大量产生的是对立、仇视、攻击和破坏。古往今来，因忌妒导致的悲剧不在少数。无怪乎巴尔扎克发出感叹：“忌妒潜伏在心底，如毒蛇潜伏在穴中。”

若想摆脱忌妒的控制，重拾快乐，成就一个卓越的人生，从现在开始，你就必须唤醒自己的积极忌妒心理，勇敢地向对手挑战。积极的忌妒心理必然产生自爱、自强、奋斗、竞争的行动和意识。当你发现自己正隐隐忌妒一个各方面都比自己优秀的同事时，你不妨反问自己这是为什么。在得出明确结论以后，你会大受启示：要赶超他人，就必须横下一条心，在学习和工作上努力，以求得事业成功。你不妨借助忌妒心理的强烈超越意识去发奋努力，升华忌妒之情，建立强大的自我意识，以增强竞争的信心。

禅意人生

有忌妒心者多会害人害己。从另一方面说，忌妒别人就是在贬低自己，是自己承认不如别人，亦可以说是极度不自信引发的变态心理。其实你完全不必这样，只要将精力、时间、智慧集中起来做好自己的事情，你便可有所斩获。

心生忌妒，黑暗无边

人性中的狭隘，就像一把看不见的钢刀，不仅会刺瞎你的眼睛，还会刺瞎你的心！如果让人类的这种心态恶性循环下去，所有美好的东西都将成为忌妒的陪葬品。这种由偏狭、自私而萌生的忌妒显然是消极的。

忌妒心会让人迷失方向，看不清自己的所作所为，它的果报十分可怕，会令人生产生诸多阻碍。有忌妒的人原本可以心情愉快地做事，但因为心生魔障，一想到自己所忌妒的人便生出恶毒的心思，令自己烦恼不已，以至于心烦意乱不能做事。旷日长久，这种心理便会累积转化成怨气，使人的心灵堕入黑暗。所以莎士比亚说：“您要留心忌妒啊，那是一个绿眼的妖魔！”忌妒是“心灵的疾病”，它是摧毁灵魂的毒药！

村里有两个要好的朋友，他们也是非常虔诚的教徒。有一年，他们决定一起到遥远的圣山朝圣，两人背上行囊，风尘仆仆地上路，誓言不达圣山朝拜，绝不返家。

两位教徒走啊走，走了两个多星期之后，遇见一位年长的圣者。圣者看到这两位如此虔诚的教徒千里迢迢要前往圣山朝圣，就十分感动地告诉他们：“从这里距离圣山还有七天的路程，但是很遗憾，我在这十字路口就要和你们分手了，而在分手前，我要送给你们一个礼物！就是你们当中一个人先许愿，他的愿望一定会马上实现；而第二个人，就可以得到那愿望的两倍！”

听完了圣者的话，其中一个教徒心里想：“这太棒了，我已经知道我想要许什么愿，但我绝不能先讲，因为如果我先许愿，我就吃亏了，他就可以有双倍的礼物！不行！”而另外一个教徒也自忖：“我怎么可以先讲，让我的朋友获得加倍的礼物呢？”于是，两位教徒就开始客气起来：“你先讲吧！”“你比较年长，你先许愿吧！”“不，应该你先许愿！”两位教徒彼此推来推去，“客套地”推辞一番后，两人就开始不耐烦起来，气氛也变了：“烦不烦啊？你先讲啊！”“为什么我先讲？我才不要呢！”

两人推到最后，其中一人生气了，大声说道：“喂，你真是个不识相、不知好歹的家伙啊，你再不许愿的话，我就把你掐死！”

另外那个人一听，他的朋友居然变脸了，竟然来恐吓自己，于是想：“你这么无情无义，我也不必对你太有情有义！我没办法得到的东西，你也休想得到！”于是，这个教徒干脆把心一横，狠心地说道：“好，我先许愿！我希望……我的一只眼睛……瞎掉！”

很快地，这位教徒的一只眼睛瞎掉了，而与他同行的好朋友，两只眼睛也立刻都瞎掉了！

这又何必呢？既然是好友，谁多得一点又何妨？“忌妒是一种恨，这种恨使人对他人的幸福感到痛苦，对他人的灾殃感到快乐”。当忌妒的光芒强大起来时，希望之光也随之暗淡；当这种恨燃烧得猛烈时，它的力量足以毁掉一切。

对于如何剔除忌妒心理，净空法师为我们做出了阐述，他说：谈到忌妒，这确实是个非常严肃的问题，因为此魔障若不能彻底改过，在菩提道上决定产生障碍，不但道业无成，堕三途的几率也很大。那么，如何改法？《了凡四训》说，有从事上改，有从理上改，有从心上改。

“从事上改”治标不治本，勉强将心魔压制住，这是石头压草，根没有断。

“从理上改”，则不区分他我之别，即别人长处亦是我之长处，别人德能亦是我之德能，我非但不忌妒，还要成人之美。为什么？因为他的事业有所成就，社会大众会因此得福，自己也能得福。从这种意义上说，障碍别人，实际上就是障碍自己，是障碍社会许多众生的福利。如此去想，忌妒心自然就会淡化。

“从心上改”，“昼夜常念善法，思维善法，观察善法，不容毫分不善间杂”，这是最高明的办法。忌妒是为“不善”，怎可纠缠于心？它会破坏你的善心善行。

其实，忌妒的产生，能够促进良性竞争，从这个意义上说“忌妒是一种很伟大的存在”。但是，因忌妒而采取如此积极态度和行为的人实在太少，忌妒大量产生的是对立、仇视、攻击和破坏。古往今来，因忌妒导致的悲剧不在少数。无怪乎巴尔扎克发出感叹：“忌妒潜伏在心底，如毒蛇潜伏在穴中。”我们做人，理应在别人比你好时不去忌妒，在别人跌倒时伸手援助，这样，你才能读懂“人”字的含义。

禅意人生

常思人之善，便是自我真性中的一分胜德，要成全别人，绝不破坏别人，纵然冤家对头，也要放下恩怨帮助他。何故？助他便是助社会、助一切众生。

相煎何太急

忌妒心不除，还念念增长，虽朝夕诵佛，亦将果报在三途。佛说：“人身难得，佛法难闻”，得人身不易，失人身太易，失人身再得人身便更难。

《杂宝藏经》有这样一个公案：很久以前，大雪山中有一只“共命鸟”，它生就两个头，一个头常能吃到美食，另一个头却总是吃杂食。一日，共命鸟在觅食时，没尝过美食的头突然心生怨恨，恨恨说道：“为什么好的总是你的，而我总是吃不好的食物？既然如此，干脆我吃一枚毒果，以后你便再也吃不到美食了！”另一个头说道：“虽然我吃得比你好，但营养还不是被我们一起吸收了吗？”然而，这时的它似乎已经听不进去什么，终究还是吞下毒果，落得个同归于尽的下场。

人与人生生相惜，互相依存，正如古德所说“一日之所需，百工斯为备”。我们共同生活在这个世界上，就是“生命的共同体”，而忌妒无疑是破坏这种依存关系的大祸端。一个人倘若被忌妒心所操控，便免不了要为自己树敌；反之，若能降服忌妒心，懂得欣赏他人的胜处，则是多了一些朋友。孰利孰弊，不言而喻。

只可惜，原是很浅显的道理，偏偏很多人悟不透、做不到，于是人世间忌妒之心横行。培根在《论忌妒》中写道——“世人历来注意到，所有情感中最令人神魂颠倒的莫过于爱情和忌妒。这两种情感都会激起强烈的欲望，而且均可迅速转化成联想和幻觉，容易钻进世人的眼睛，尤其容易降到被爱被妒者身上……自身无德者常忌妒他人之德，因为人心的滋养要么是自身之善，要么是他人之恶。而缺乏自身之善者必然要摄取他人之恶。于是凡无望达到他人之德行境地者便会极力贬低他人以求平衡……在人类所有情感中，忌妒是一种最纠缠不休的感情，因其他感情的发生都有特定的时间场合，只是偶尔为之；所以古人说得好，忌妒从不休假，因为它总在某些人心中作祟。世人还注意到，爱情和忌妒的确会使人衣带渐宽，而其他感情却不致如此，原因是其他感情都不像爱情和忌妒那样寒暑无间。忌妒亦是最卑劣最堕落的一种感情，因此它是魔鬼的固有属性，魔鬼就是那个趁黑夜在麦田里撒稗种的忌妒者；而就像一直所发生的那样，忌妒也总是在暗中施展诡计，偷偷损害像麦黍之类的天下良物。”这寥寥数百字，已将忌妒的丑陋一面剖析得淋漓尽致，事实上，古今圣达之人，亦大多对忌妒心有余悸，雷萨克就曾经说过：“一个人妒火中烧的时候，事实上就是个疯子……”由此可见，当忌妒变态以后，它对人的危害是何其之大。

有两个重病患者同住在医院的一间病房，病房只有一扇窗。靠窗的那个病人遵医嘱，每天坐起来一小时，以排除肺部积液，但另外一个却只能整天仰卧在床上。

两个病人天天在一起。他们互相将自己的妻子、儿女、家庭和工作情况告诉了对方，也常常谈起自己的当兵生涯、假日旅游，等等。此外，靠窗的那个病人每天下午坐起时，还会把他在窗外所见到的情景一一描述给同伴听，借以消磨时光。

就这样，每天下午的这一小时，就成了躺在床上那个病人的生活目标。他的整个世界都随着窗外那些绚丽多彩的活动而扩大和生动起来。他的朋友对他说：窗外是一座公园，园中有一泓清澈的湖水，水上嬉戏着鸭子和天鹅，还穿行着孩子们的玩具船；情侣们手挽手地在湖边的花丛中漫步，巨大的老树摇曳生姿，远处则是城市美丽的轮廓……随着这娓娓动听的描述，他常常闭目神游于窗外的美妙景色之中。

一天下午，天气和煦。靠窗的那个病人说，外面正走过一支娶亲队伍。尽管他的同伴并没有听到乐队的吹打声，但他的心灵却能够从那生动的描绘中看到一切。这时，他的脑海中突然冒出了一个从未有过的想法：“为什么他能看到这一切、享受这一切，而我却什么也看不见？好像不公平嘛！”这个念头刚刚出现时，他心里不无愧疚。然而日复一日，他依然什么也看不见，这心头的妒忌就渐渐变成了愤恨。于是他的情绪越来越坏了，他抑郁烦闷，夜不能寐。他理当睡到窗户旁去啊！这个念头现在主宰着他生活中的一切。

一天深夜，当他躺在床上睁眼看着天花板时，靠窗的那个病人猛然咳嗽不止，听得出，肺部积液已使他感到呼吸困难。当他在昏暗的灯光下吃力挣扎着想按下呼救按钮时，他的同伴在一边的床上注视着，谛听着，但却一动也不动，甚至没有揿下身旁的按钮替他喊来医生，病房里只有沉寂——死亡的沉寂。

翌日清晨，日班护士走进病房时，发现靠窗的那个病人已经死去。护士感到一阵难过，但随即便唤来杂役将尸体搬走——既不费事，也无须哭泣。当一切恢复正常以后，剩下的那个病人说，他希望能够移到靠窗的床上。护士自然替他换了床位。把病人安置好以后，护士就转身出去了。

这时，病房里只有他一个人。他吃力地、缓缓地支起上身，希望一睹窗外的景色——他马上就可以享受到窗外的一切景色了，他早就盼望这一时刻的到来了！他吃力地、缓缓地转动着上身向窗外望去……

窗外，只有一堵遮断视线的高墙……

对美好生活的向往支持着与病魔抗争的坚强信念，靠窗的病人一直在诉说着一个美丽的谎言，支持病友也支持自己。然而，人性的天敌——忌妒毁掉了这个美丽的谎言，也毁掉了这两个病人。

“若人善巧解战斗，独自伏得百万人。今若能伏自己心，是名世间真斗士”。世界上最成功的将领，不是打败百万敌军的将军，而是调伏自己内在邪见恶念的魔军的圣贤。然而，说起来容易，做起来困难，我们心中的恶魔往往会在无形中占据主控地位，让我们自卑、让我们狭隘、让我们憎恨、让我们忌妒、让我们痛苦，这心中的魔障不除，我们就永远也无法获得人格的升华以及人生的进步。

忌妒，会使我们失去灵魂的双腿，走在人间路上，没有支柱，寸步难行。

在现实生活中，我们难免要被人超越，因为任何人都不可能具备所有的智能。我们要坦然接受自己的不完美，当有人在某一方面超过我们时，我们应该去羡慕，而不是忌妒。因为羡慕会激发我们内心的斗志，令我们将对方当做追赶目标，从而不断提升、不断进步，这才是人生的精彩。

禅意人生

若在竹篓中放一只螃蟹，为防止它逃跑，需盖住篓口。若在竹篓中放两只以上螃蟹，则不必防范，因为只要其中一只螃蟹爬到竹篓口，其他螃蟹便会极力将其往下拖，它们谁也出不去！是忌妒让它们相互拖拽，相互残害。而人有时又何尝不像这螃蟹？无论是同学、同事、朋友还是亲戚之间，类似的“内战”时有上演，很大程度上阻碍了我们的人生发展。人生在世，需持一颗平常心，不要因为忌妒而相互残害，这样才能拥有幸福的人生。

自赞毁他当堕三恶趣中

一切众生若往悭贪忌妒、自赞毁他的路上走，当堕三恶趣中，在恶道众生中，尤以悭贪忌妒、自赞毁他者居多，他们在三恶道中无量千岁“受诸剧苦”。

有一句话说得非常经典，那就是：“诽谤别人，就像含血喷人，先污染了自己的嘴巴。”它的意思是说，诽谤别人的人，最终都不会有好下场。

以前有两位修行人，能说能写，品性亦尚可，按理应修得正果，却终生潦倒。后有大师点出其因缘。原来，二人修行之余常与大众一起闲谈他人是非，诸如某僧破戒、某僧暗地近女色云云……总而言之，便是寺里的众生都破了大戒，而他二人虽犯小戒但大戒未破，言外之意便是说自己有多么了不起。殊不知，这已然犯了“自赞毁他”的大戒。

你的一举一动、一言一行，别人都看在眼里，心中有数，何须贬低别人来抬高自己？喜欢诽谤别人的人，一个最基本的心态就是：“我不能干，你也不能表现得比我能干。”要是有人表现得比他们强，他们就会采取各种手段进行打压，千方百计把别人踩下去。

还有的人，由于自己思想僵化，没有聪明的头脑，自己不仅没有什么建树，反而却忌妒别人的聪明才智，把人家的劳动成果看成是别有用心，就是为了张扬自己，就是为了出风头。不仅不能够虚心向别人学习，反而到处诬陷诽谤别人，这恰恰暴露了自己的虚荣心，甚至是不良居心。

你诽谤了他人并不能提升你自己的威望，也不会由此发财，更不会由此得福。恰恰相反，被你诽谤的人会觉得你这个人过河拆桥，无中生有，人性不强。你挖空心思把精力用到诽谤别人之事上，你自己的事业就会受影响。所以说，你损害他人的同时，也损害了你自己。

人生在世，要与人为善，与人为友，不要以你的狭窄之心去度量君子之行。诽谤对于一个心底无私、光明磊落的人来讲是没用的。

喜欢诽谤别人的人，实际上自身极不自信。与他们相处时，应该多给一些赞美、多恭维，让他们觉得很舒服。自己在创造成绩时，不要扬扬自得，而要保持谦虚谨慎的心态；总结成功时，要多强调偶然因素或者别人的帮助；适当的时候，一些容易创造成绩的机会，可以适当让给喜欢妒忌的人，让他们也有成就感。但要注意一点，忍让应该有限度，不能过于卑躬屈膝。

喜欢诽谤的人，通常是心胸狭窄的人。与他们相处时，首先还是要多赞美，构筑一个轻松的环境，猜疑很大程度上和沟通不良有关。其次，对于一些中伤和猜忌，要有理有节地进行解释，据理力争。对于恶意的诽谤，如果用沟通的方式无法解决，就得寻求行政或司法等途径了。

善意奉劝诽谤族们，收敛小人之心，定个适合于自己的人生目标，专心致志去奋斗，就会成功。别再犯浑了，人生是短暂的，精力是宝贵的，诽谤他人就是挖自己的墙根！

不要以惯于诽谤他人而知名。不要精明于怎样损人利己，因为这并不困难，只是会遭人唾弃。所有的人都会向你寻求报复，说你的坏话，并且由于你孤立无援而他们人多势众，你会很容易被打败。不要对别人幸灾乐祸，也不要多嘴多舌。一个搬弄是非的人会被人们深恶痛绝，他或许可以混迹在高尚的人群中，但他们只会把他作为一个笑料，而不是作为谨慎的榜样。说人坏话的人会听到别人说他的更不堪入耳的话。

禅意人生

人若活在悭贪忌妒中，当下便已在地狱——心绪烦躁，异常痛苦，辗转难眠，备受煎熬！那些因忌生恨，设法整人、害人、挑拨是非者，畜生道的模样和性情都露了出来。

欣赏兼亦利己

无论学业还是事业，若希望有所成就，“良师益友”都是必不可少的助缘。然而，假若戴上“忌妒”的眼镜，“良师益友”站在面前亦会视而不见，心中只有“刺”，眼中只有“钉”；若能放开心胸、摘下“忌妒”的有色眼镜，则人人皆可为“良师益友”。

将他人所做功德，变成“我的功德”，这是大智慧之人；看到别人做功德，自己造罪孽，这便是大愚者。是故，要学随喜！见别人得好处，要去欣赏，甚至真心诚意去协助他。

然而一直以来，在某些人的意识中，欣赏、喝彩永远是送给亲人、朋友或是英雄的，我们身边的人很少，几乎是没有人，能够为对手发出由衷的赞叹。当然，这似乎也在情理之中，因为能够做到如此大度的人毕竟只是少数。但是，如果你做到了，你就一定会赢得众人的尊重，你的人格亦会随之进入一个更高的层次。懂得欣赏，成就别人，也就成就了你自己。

当年乔丹在公牛队时，年轻的皮蓬是队里最有希望超越他的新秀。年轻气盛的皮蓬有着极强的好胜心，对于乔丹这位领先于自己的前辈，他常常流露出一种不屑一顾的神情，还经常对别人说乔丹哪里不如自己、自己一定会把乔丹击败一类的话。但乔丹没有把皮蓬当作潜在的威胁而排挤他，反而对皮蓬处处加以鼓励。

有一次，乔丹对皮蓬说："你觉得咱俩的三分球谁投得好？"

皮蓬不明白他的意思，就说："你明知故问什么，当然是你。"

因为那时乔丹的三分球成功率是28.6%，而皮蓬是26.4%。但乔丹微笑着纠正："不，是你！你投三分球的动作规范、流畅，很有天赋，以后一定会投得更好。而我投三分球还有很多弱点。你看，我扣篮多用右手，而且要习惯地用左手帮一下。可是你左右手都行，所以你的进步空间比我更大。"

这一细节连皮蓬自己都不知道。他被乔丹的大度给感动了，渐渐改变了自己对乔丹的看法。皮蓬虽然仍然把乔丹当作竞争对手，但是更多的是抱着一种学习的态度去尊重他。

一年后的一场NBA决赛中，皮蓬独得33分（超过乔丹3分），成为公牛队中比赛得分首次超过乔丹的球员。比赛结束后，乔丹与皮蓬紧紧拥抱着，两人泪光闪闪。

而乔丹这种"甘为竞争对手喝彩"的无私品质，则为公牛队注入了难以击破的凝聚力，从而使公牛王朝创造了一个又一个神话。

对手是你前进的动力，是你懈怠之时激你奋进的良朋，是你成功之时，令你不敢忘形、虚心前进的警钟。所以，你应该感谢对手，更应该学会欣赏对手的长处，懂得为对手去喝彩。

纵览古今中外，有多少人因为"没有对手"，进而狂妄自大、不思进取，最终被淹没在历史的洪流之中！西楚霸王项羽，力拔山、气盖世，统众诸侯，睥睨天下，莫与争锋，终因不听谋士言，小觑刘邦，落得个乌江自刎的下场；世界重量级拳王泰森，职业生涯击败过无数对手，却为鲜花和掌声所麻痹，最终身陷囹圄。他们的失败只能说是败给了自己，因为在他们眼中，已然再没有对手。

所以，请不要痛恨、忌妒你的对手，因为没有对手，你将极易在狂妄中迷失，在自满中堕落。退一步说，倘若没有对手，你的成功又有什么值得炫耀？它还会令你如此兴奋吗？

一个能够衷心为对手喝彩的人，必然有着寻常人难以企及的平常心，能够看淡自己的成败得失，由此才能正视对手的长处及成功，并从内心深处荡起一股真诚的赞叹。这不正是千百年来人们一直追求的人生臻境吗？然而，却有很多人抱持着一颗世俗的心，一次次地与这臻境失之交臂。

事实上，在现实生活中，很多人往往习惯于将自己的失败归咎于对手。可是败了就是败了，我们为何还要让忌妒在心中滋生？为何不能正视自己的失败，转而由衷地为对手喝一声彩呢？

对手于我们而言，是风，是雨，虽然会带给我们些许痛苦，但风雨过后，多是绚丽的彩虹！对手于我们而言，是敌是师亦是友，没有他，就没有你的彩虹！因为是对手成就了你的另一只手，即你成功的援助之手！所以，请为你的对手喝彩，即便只是一个拥抱、一次握手、一段言语、一个眼神……相信都会给你带来另一种光彩。

禅意人生

一切众生皆有善根，谁人会忌妒佛的功德呢？不应为之感到欢喜吗？世上优秀之人本就不多，现在多了一个，何尝不是一件好事？这样想，这样做，你便可超越忌妒，学会欣赏。

化忌妒于无形

你有了珍宝，你到处给人看，魔鬼就特别想破坏你的珍宝。你能把骄狂炫耀之心歇了，这便是你的好去处。

人一旦炫耀自己，便会引来忌妒，想方设法毁灭你炫耀的地方。所以人炫耀什么，就容易失去什么。因为什么？因为你的骄傲伤害了别人心中的骄傲，别人受到了你的伤害，又怎会对你好？

须知忌妒是人的天性，我们不得不承认，在竞争激烈的社会中，人与人之间很容易因为各种事情而产生忌妒。也许我们可以克制自己不去忌妒别人，但是不能保证别人就不忌妒我们。

在生活中，如若你是一个非常出众又极爱显摆的人，那么你一定会感受到来自于身边的强烈忌妒。世人忌妒的范围很广，包括你的职位、工作能力、上司对你的赏识、你的外貌、衣着乃至你的家庭状况。虽然忌妒并不会给你带来直接的危害，却会为你埋下失利的种子。那么，对于别人的忌妒，我们应持何种态度呢？对于所有忌妒我的人、毁谤我的人、陷害我的人，我都是一颗平常心——我在这里面得清净，我在这里面生起无量无边的善愿善行。化解怨怼讲究用和平的方法、智慧的方法，即“善巧方便”。

我们虽不是修行人，但亦应本着“以和为贵”的前提，巧妙地将来自方方面面的忌妒化解掉，最好的便是将对方变成你的朋友。我们可以这样做：

一、假若你是女人，请与对方共享美丽。爱美是女人的天性，这也就使得女人天生对美就有很强烈的追求。因此，女性最容易引起同性忌妒的地方就是外在的美貌。也许你的女性同事可以容忍你的职位比她高、薪水比她多、能力比她强，但绝对不能容忍你比她美丽，成为办公室的焦点。虽然外貌、仪表、风度在很大程度上与能否得到更好的工作机会没什么关联，但几乎所有女性都无一例外地对比自己漂亮、着装比自己迷人的女人怀有“敌意”。

萧萧今天第一天上班，与同事们接触的时候处处都显得十分小心，因为在这之前，有人曾经告诫过她，办公室的生活是非常复杂的。为了能够给同事留下好印象，她还特意打扮了一番，化了淡淡的妆，又配上了一条漂亮的连衣裙，加上萧萧本来就天生丽质，因此显得十分漂亮出众。萧萧本以为自己一定可以很快融入到新的工作生活中，可不想单位里的女同事没有一个愿意理睬她，肯跟她接近的反而是那些男同事们。萧萧不明白，难道自己就真的那么让人讨厌吗？虽然她尽全力地和每一位女同事接触，但似乎她们都对她怀有敌意。其中有一位女同事还挖苦道：“怎么，第一天上班就打扮得这么漂亮？这有什么用，我们工作是靠能力的，不要以为打扮得漂亮点就能引起老板的注意。”萧萧觉得很委屈，因为她从来没有这样想过。

事实上，虽然女性很容易对同性的美产生忌妒，但她们更渴望得到对方的赞美。因此，女士们在面对同事对你的“美”的忌妒的时候，不妨忍痛割爱，将自己的美“分出”一部分给对方。这样一来，一定可以获得同事的好感，从而拉近与她们的距离。

于是，萧萧第二天上班的时候，主动和其他女同事打招呼，并且将自己穿衣搭配的技巧、美容的方法等全都告诉给了她们。这一招果然有效，那些女同事一个个听得津津有味，纷纷向萧萧提出问题，并且表示希望萧萧以后能多教她们点这方面的知识。如今，萧萧已经成为了办公室中最受欢迎的人了。

二、主动示弱，浇灭对方的妒火。在人生中，最容易惹人忌妒的恐怕就是你在事业上所取得的成绩了。事实上，这种忌妒心理是男人和女人都有的。试想一下，在相差无几的环境中，你样样都比人出色，怎能不招来别人的眼红？

尤其是在职场上，你在工作上所取得的成就难免会让你的同事忌妒，特别是那些年龄比你大、入行比你早，且资历比你深的人。在他们看来，成绩、晋升的机会本来就该属于他们，而你一定是通过耍什么“阴谋诡计”才得到的。

面对这种情况，又该如何处理呢？有些人会非常生气，因为他知道自己是凭借努力才取得今天的成绩的。因此，他对这种忌妒非常厌恶，决定采用沉默来回应。其实，我们大可不必动气。

美国加州大学心理学教授卢克尔斯·庞德曾经说：“很多时候，忌妒其实是一种很可怜的心理。拥有这种心理的人往往是因为‘自己的东西’被别人抢走了，所以内心感到很失落，进而产生忌妒。其实，应对这种忌妒的方法很简单，那就是找一些你不如他的地方，让他把心思放在那上面。这样一来，原本失衡的心理变得平衡，就消除了忌妒心理。”

这种示弱的做法，事实上是让别人觉得其实你也是很难的，有些地方不如他们。而且你还必须老老实实低调地做人，那么，就会让那些忌妒者感到心理上的平衡，使他们对你产生一种同情心理，从而消除他们的忌妒心。

三、主动让利。其实，所有的忌妒都是在名和利的基础上产生的。很多时候，一些人之所以会招来别人的忌妒，很大程度上是因为他们对自己的利益过分看重，总是在人生中追求太多的利益。因此，别人就会对他们的这种做法感到很反感。再加上自己利益也被他们剥夺或占有，因此不免产生出忌妒来。

老实说，这些所谓的名利并不一定就会给我们带来很多的好处，相反会招来别人的忌妒。由于他们忌妒你，所以就必然疏远你、仇视你，久而久之，会让你觉得身心疲惫，并且失去良好的人际关系。

其实，应对这种忌妒有一个小窍门，那就是满足对方获得名利的心理。我们不妨从自己获得的名利中，挑选出那些细小的、对自己前途没什么大影响的好处，然后谦让地将这些东西分给其他人。

当忌妒发生在你身上时，不要慌张，只要你找到对方忌妒你的原因——是不是自己无意中伤害了别人的“骄傲心”，然后对症下药，那么就一定可以圆满地解决。人的忌妒心理往往发生在工作及社交中双方及多方之间，因此要尊重并乐于帮助他人，尤其是自己的对手。注意自己的性格修养，这样不但可以克服自己的忌妒心理，而且可使自己免受或少受忌妒的伤害，同时还可以与同事、朋友建立较为和谐的关系。自己在感受到生活愉悦的同时，事业也更加容易成功。

禅意人生

若在一个失明的人面前，你不断夸耀自己的眼睛是多么美丽、多么明亮，他心里会有多少怨恨？若有机会他会不会想报复你？这样，你种下的祸根就大了！但倘若你能把这个狂心歇了，便可觉悟、便可开道。

第四辑

顺境修行，永远难成功

人在承受苦难时，须发挥主观能动性，以积极的态度应对磨难和挑战。倘若你被苦难所驾驭，惊慌恐乱，便是受了报应并种下新恶因；倘若沉着冷静、积极应对，虽也“受”了但不会再“受”，不会种下新恶因。即，大难不死、必有后福。

尔非最苦

你是不是最倒霉的人？答案是否定的！你惨遭横祸、陷入苦难，可曾想过那些因祸丧生的人？世间人、世间事，只有更倒霉，没有最倒霉。你痛苦的时候，其实有人比你更痛苦，所以想开点。

活着一天，就是有福气，就该珍惜。当我哭泣我没有鞋子穿的时候，我发现有人却没有脚。所以，不要常常觉得自己很不幸，世界上比我们痛苦的人多是的。这世间没有人是一帆风顺的，也没有人注定就是个倒霉蛋。能不能活出个样子来，最终还是取决于能否以积极的态度去经营人生，那些一味抱怨、咒骂、萎靡不振的人，将注定是要被淘汰的。

的确，很多时候，命运爱与人开玩笑，亦如世人常说的那样——“倒起霉来，喝口凉水都塞牙”。这一刻霉运找上了你，确实会让你很痛苦，但无论怎样你都要记住，这个世界上，很多人远比你要不幸。在你遭受苦难、心烦意乱之时，静心想想那些更倒霉的人，你会发现自己根本没有资格抱怨不已、自暴自弃。

有个穷困潦倒的销售员，每天都在抱怨自己“怀才不遇”，抱怨命运捉弄自己。

圣诞节前夕，家家户户热闹非凡，到处充满了节日的气氛。唯独他冷冷清清，独自一人坐在公园的长椅上回顾往事。去年的今天，他也是一个人，是靠酒精度过了圣诞节，没有新衣、新鞋，更别提新车、新房子了，他觉得自己就是这世界上最孤独、最倒霉的那一个人，他甚至为此产生过轻生的念头！

“唉！看来，今年我又要穿着这双旧鞋子过圣诞节了！”说着，他准备脱掉旧鞋子。这时，“倒霉”的销售员突然看到一个年轻人滑着轮椅从自己面前经过。他顿时醒悟：“我有鞋子穿是多么幸福！他连穿鞋子的机会都没有啊！”从此以后，推销员无论做什么都不再抱怨，他珍惜机会，发愤图强，力争上游。数年以后，推销员终于改变了自己的生活，他成了一名百万富翁。

很多人天生就有残缺，但他们从未对生活丧失信心，从不怨天尤人，他们自强自立、不屈不挠，最终战胜了命运。可有些人生来五官端正、手脚齐全，但仍在抱怨生活、抱怨人生。相比之下，难道我们不感到羞愧吗？丢开抱怨，用行动去争取幸福，你要明白：纵然是一双旧鞋子，但穿在脚上仍是温暖、舒适的，因为这世界上还有人连穿鞋的机会都没有！

如果你失去一只手，就庆幸自己还有另外一只手；如果失去两只手，就庆幸自己还活着；如果连命都没了，就没有什么可烦恼的了。当苦难来临之时，我们不要将眼睛紧盯在消极面上，看看那些同样承受苦难的人，再想想自己所拥有的，这样便会有所改观，便会感觉相比之下自己还是幸运的。

事实上，你眼中所看到的，往往只是别人光鲜的一面，却不知世人都有种种烦恼，我们不要看别人只看“幸运”，看自己却只看“背运”，想活得好过一点，就应该多为自己所拥有的感到庆幸。

反之，如果你心里只有那些“倒霉”的事情，整日里仇视着生活、仇视着社会，那么你只会给自己制造无边无尽的痛苦。更何况，一个倒霉的开端并不意味着一定是个悲惨的结局。事情的结果终究没有确定，你又何苦惶惶不可终日？或许，多一点心气，多一点斗志，事情的结果就会大不一样。

要知道，这世界根本就没有过不去的坎，一时的失意绝不意味着失意一生。苦难谁没有？倒霉的人比比皆是。若不信，不妨在搜索引擎上试着输入“倒霉”两个字，滚入你眼中的必是数之不尽的信息。世人就是这样，看不透，悟不明，本来无甚大碍，却始终觉得自己是何其不幸，让自己难过、痛苦、烦乱，但生活不是还得继续，苦难也不会消失。其实我们该整日思索的，应是如何去克服苦难。

须知，生命中收获最多的阶段，往往就是最难挨、最痛苦的时候，因为它迫使你重新检视反省，替你打开了内心世界，带来更清晰、更明确的方向。诚然，要想生命尽在掌控之中是件非常困难的事，但日积月累之后，经验能帮助你汇集出一股力量，让你在人生赌局中进出自如。很多灾难在事过境迁之后回头看它，会发现它并没有当初看来那么糟糕，这就是生命的成熟与锻炼。

当然，在麻烦、苦难出现时，人总会感觉内心不安或是意志动摇，这是很正常的。面临这种情况时，就必须不断地自励自勉，鼓起勇气，信心百倍地去面对，这才是最正确的选择。

禅意人生

上苍给予每个世人的苦与乐大致相同，只是世人对于苦乐的态度不同。有时我所求，确在别人处；有时我所有，正是他所求。人皆有苦，亦皆有乐。勿因苦难不能自已，殊不知有人更苦。心放平常处，人自会开怀。

磨难不是摧残

当我们处于厄运的时候，当我们面对失败的时候，当我们面对重大灾难的时候，只要我们仍能在自己的生命之杯中盛满希望之水，那么，无论遭遇什么样的坎坷不幸之事，我们都能永葆快乐心情，我们的生命才不会枯萎。

大风大浪中才能显示人的能力；大起大落时才能磨炼人的意志；大悲大喜才能提高人的境界；大羞大耻才能洗涤人的灵魂。人活在世界上，不可能一帆风顺，每个成功的故事里都写满了辛酸失败。敢于正视失败，能以正确的态度面对失败，不退缩，不消沉，不困惑，不脆弱，才能有成功的希望。

其实，再多的苦难不过是种历练，亦如成功学大师卡耐基所说的那样："挫折是大自然的计划，经历过挫折考验的人们会对事情作出更充分的准备，把心中的残渣烧掉。因此，我们需要勇敢地拥抱挫折，因为它是我们生命中的另一种维生素。"的确如此，生命需要苦难来洗礼。在这番历练中，你能扛得住，便是成功；你扛不住，便只能平庸。就像那些温室中的花朵，诗人根本不会浪费笔墨加以歌颂，而那傲雪而立的寒梅，古往今来已不知被多少次提起。究其根由，不正是因为它无畏苦难、可以战胜苦难吗？要知道，人生的成功也是这样。

美国《生活》周刊曾评出过去1000年中100位最有影响力的人物，其中，托马斯·阿尔沃·爱迪生名列第一。

爱迪生出身低微，他的"学历"是一生只上过三个月的小学，老师因为总被他古怪的问题问得张口结舌，竟然当着他母亲的面说他是个傻瓜，将来不会有什么出息。母亲一气之下让他退学，由她亲自教育。此后，爱迪生的天资得以充分地展露。在母亲的指导下，他阅读了大量的书籍，并在家中自己建了一个小实验室。为筹措实验室的必要开支，他只得外出打工，当报童卖报纸，最后用积攒的钱在火车的行李车厢建了个小实验室，继续做化学实验研究。有一天，化学药品起火，几乎把这个车厢烧掉。暴怒的列车长把爱迪生的实验设备都扔下车去，还打了他几记耳光，爱迪生因此终生耳聋。

爱迪生虽未受过良好的学校教育，但凭个人奋斗和非凡才智获得了巨大成功。他以坚韧不拔的毅力、罕有的热情和精力从千万次的失败中站了起来，克服了数不清的困难，成为发明家和企业家。

仅从1869年到1901年，他就取得了1328项发明专利。在他的一生中，平均每15天就有一项新发明，他因此而被誉为“发明大王”。

1914年12月的一个夜晚，一场大火烧毁了爱迪生的研制工厂，他因此而损失了价值近百万美元的财产。爱迪生安慰伤心至极的妻子说：“不要紧，别看我已67岁了，可我并不老。从明天早晨起，一切都将重新开始，我相信没有一个人会老得不能重新开始工作的。灾祸也能给人带来价值，我们所有的错误都被烧掉了，现在我们又可以一切重新开始。”第二天，爱迪生不但开始动工建造新车间，而且又开始发明一种新的灯——一种帮助消防队员在黑暗中前进的便携式探照灯。火灾对爱迪生而言只是一段小小的插曲而已。

磨难并非对一个人的摧残，而是一种锤炼。正如孟子所说：“天将降大任于斯人也，必先苦其心志，劳其筋骨，饿其体肤。”每一个人都会经历过不同的痛苦和磨难，当它们光顾的时候，只有勇敢地面对，征服它们，才能让自己不再低头，抬头挺胸，也才能彻底改变自己的命运。

内心充满希望，它可以为你增添一份勇气和力量，它可以支撑起你一身的傲骨。当莱特兄弟研究飞机的时候，许多人都讥笑他们是异想天开。当时甚至有句俗语说：“上帝如果有意让人飞，早就使他们长出翅膀。”但是莱特兄弟毫不理会外界的说法，终于发明了飞机。当伽利略以望远镜观察天体，发现地球绕太阳而行时，教皇曾将他下狱，命令他改变主张，但是伽利略依然继续研究，并著书阐明自己的学说，终于在后来获得了证实。最伟大的成就常属于那些在大家都认为不可能的情况下，却能坚持到底的人。坚持就是胜利，这是成功的一条秘诀。

人生总有重重磨难，它已然成为生活中一个不可缺少的部分，这些经历过的痛苦和磨难，是你的一笔财富、一种收获。也只有在你痛苦和难过的时候，你才会发现一些不起眼的东西、平常的东西，此时是多么的可贵和难得。更为可贵的是，在你经历了磨难的时候，你会发现只要战胜了自己向这些磨难妥协的念头，胜利之门就会打开。

禅意人生

苦难不可怕，挫折也无妨，只要信念不倒，精彩便不会中断。无需抱怨荆棘密布、磨难丛生，不必愤慨世事不公，当你阅尽繁华便会幡然明白：人生不会太圆满，再苦也能挺得过！

感谢苦难

没有彻骨寒，何来梅花香？人生没有苦难，便会脆弱不堪。因为苦难，成功更显美丽；因为灾患，幸福更是甘甜……

佛家认为，在顺境中修行，永远不能成佛，所以修行之人是要感谢磨难的。同样，我们也应该感谢苦难，因为苦难让我们懂得了真正的生活。无论这困难来自于生活抑或是情感，请从感谢苦难开始，反省自己、恢复自己。要相信，你所经历的苦难，必然会成为你日后人生路上永远感谢的对象，因为没有这些苦难，你不会解悟，不会有今天的体会。

某人前往朋友家做客，方知朋友的三岁儿子罹患先天性心脏病，最近动过一次手术，胸前留下一道深长的伤口。

朋友告诉他，孩子有天换衣服，从镜中看见疤痕，竟骇然而哭。

“我身上的伤口这么长！我永远不会好了。”她转述孩子的话。

孩子的敏感、早熟令他惊讶；朋友的反应则更让他动容。

朋友心酸之余，解开自己的裤子，露出当年剖腹产留下的刀口给孩子看。

“你看，妈妈身上也有一道这么长的伤口。”

“因为以前你还在妈妈的肚子里的时候生病了，没有力气出来，幸好医生把妈妈的肚子切开，把你救了出来，不然你就会死在妈妈的肚子里面。妈妈一辈子都感谢这道伤口呢！”

“同样地，你也要谢谢自己的伤口，不然你的小心脏也会死掉，那样就见不到妈妈了。”

感谢伤口！——这四个字如钟鼓声直撞心头，他不由低下头，检视自己的伤口。

它不在身上，而在心中。

那时节，他工作屡遭挫折，加上在外独居，生活寂寞无依，更加重了情绪的沮丧、消沉，但生性自傲的他不愿示弱，便企图用光鲜的外表、悍强的言语加以抵御。

隐忍内伤的结果，终至溃烂、化脓，直至发觉自己已经开始依赖酒精来逃避现状，为了不致一败涂地，才决定举刀割除这颓败的生活，辞职搬回父母家。

如今伤势虽未再恶化，但这次失败的经历却像一道丑陋的疤痕，刻画在胸口。认输、撤退的感觉日复一日强烈，自责最后演变为自卑，使他彻底怀疑自己的能力。

好长一段时日，他蛰居家中，对未来裹足不前，迟迟不敢起步出发。

朋友让他懂得从另一方面来看待这道伤口：庆幸自己还有勇气承认失败，重新来过，并且把它当成时时警惕自己，匡正以往浮夸、矫饰作风的记号。

他要感谢朋友，更要感谢伤口！

心理学家曾经提出过“最优经验”的解释，意思是指，当一个人自觉能把体能与智力发挥到最极限的时候，就是“最优经验”出现的时候，而通常“最优经验”都不是在顺境之中发生的，反而是在千钧一发的危机与最艰苦的时候涌现。据说，许多在集中营里大难不死的囚犯，就是因为困境激发了他们采取最优的应对策略，最终能躲过劫难。

山中鹿之助是日本战国时代有名的豪杰，据说他时常向神明祈祷：“请赐给我七难八苦。”很多人对他此举都是很不理解，就去请教他。鹿之助回答说：“一个人的心志和力量，必须在经历过许多挫折后才会显现出来。所以我希望能借各种困难险厄，来锻炼自己。”而且他还做了一首短歌，大意如下：“令人忧烦的事情，总是堆积如山，我愿尽可能地去接受考验。”

一般人对神明祈祷的内容都有所不同，一般而言，不外乎是利益方面。有些人祈祷更幸福，有人祈祷身体健康，甚或赚大钱，却没有人会祈求神明赐予更多的困难和劳苦。因此当时的人对于鹿之助这种祈求七难八苦的行为，不给予理解，是很自然的现象，但鹿之助依然这样祈祷。他的用意是想通过种种困难来考验自己，其中也有借七难八苦来勉励自己的用意。

鹿之助的主君尼子氏，遭到毛利氏的灭亡，因此他立志消灭毛利氏，替主君报仇。但当时毛利氏的势力正如日中天，尼子氏的遗臣中胆敢和毛利氏对敌的，可说少之又少，许多人一想到这是毫无希望的战斗，就心灰意冷。可是，鹿之助还是不时勉励自己，鼓舞自己的勇气。或许就是因为这个缘故，他才会向神明祈祷赐予自己七难八苦。

其实，生活的现实对于我们每个人本来都是一样的。但一经各人不同“心态”的诠释后，便代表了不同的意义，因而形成了不同的事实、环境和世界。心态改变，则事实就会改变；心中是什么，则世界就是什么。心里装着哀愁，眼里看到的就全是黑暗，抛弃已经发生的令人不痛快的事情或经历，才会迎来新心情下的乐趣。

要知道，心情的颜色会影响世界的颜色。如果一个人对生活抱一种达观的态度，就不会稍有不如意，就自怨自艾，只看到生活中不完美的一面。在我们的身边，大部分终日苦恼的人实际上并不是遭受了多大的不幸，而是自己的内心素质存在着某种缺陷，对生活的认识存在偏差。

事实上，生活中有很多坚强的人，即使遭受挫折，承受着来自于生活的各种各样的折磨，他们在精神上也会岿然不动。充满着欢乐与战斗精神的人们，永远不会为困难所打倒，在他们的心中始终承载着欢乐，不管是雷霆与阳光，他们都会给予同样的欢迎和珍视。

禅意人生

人生于世便有苦难，苦或乐取决于心，心情的颜色影响着世界的颜色。困恼的根源，实际上并不是遭受了多大的不幸，而是人的内心素质存在某种缺陷，对生活的认识存有偏差。基于此，人便有了强弱之分——强者战胜苦难，弱者屈服于苦难。其实，人活着笑也一天、苦也一天，再不顺的生活，笑着撑过去，就是胜了。

吃得苦难，便得新生

“所有的锻炼不过是再次呈现，我们还没学会的功课”。学着与痛苦共舞，我们才能看清造成痛苦来源的本质，明白内在真相。更重要的是，它能让我们学到该学的功课。

逆境是成长必经的过程，能勇于接受逆境的人，生命就会日渐茁壮。是的，我们的人生也需要选择，我们的生命也需要蜕变，每每苦难来袭，面临选择和放弃，我们都要有足够的勇气，改变自己，只有这样才能获得新生，才能铸就另一个辉煌！

红尘世事本无常，世人随时都会遇到困厄和挫折。遇见生命中突如其来的困难时，你都是怎么看待的呢？不要把自己禁锢在眼前的困苦中，眼光放远一点，当你看得见成功的未来远景时，便能走出困境，达到你梦想的目标。

面对癌症，是草草地结束自己的生命以避免遭受肉体和精神的折磨，还是积极地治疗，创造生命的奇迹？陷入困境，是听天由命，等待命运的宣判，还是放手一搏，冒险寻求可能的转机？工作平淡无奇，碌碌无为，是安于现状，享受现有的安逸，还是勇于改变，寻求属于自己的一片天地？

主宰自己，做自己的主人。沮丧的面容、苦闷的表情、恐惧的思想和焦虑的态度是你缺乏自制力的表现，是你弱点的表现，是你不能控制环境的表现。它们是你的敌人，坚决拒绝它们！

人生总有得意和失意的时候，一时的得意并不代表永久的得意；在一时失意的情况下，如果你不能把心态调整过来，就很难再有得意之时。在失意甚至绝望的状态下，倘若能重新寻回希望，赶走悲伤。便是人生中的又一大转折。

所以在我们日常的生活和学习中，倘若遇到失意或悲伤的事情，一定要学会调整自己的心态。如果你的演讲、你的考试和你的愿望没有获得成功；如果你曾经因为鲁莽而犯过错误；如果你曾经尴尬；如果你曾经失足；如果你被训斥和谩骂……那么请不要耿耿于怀。对这些事念念不忘，不但于事无补，还会占据你的快乐时光。抛弃它们吧！把它们彻底赶出你的心灵。如果你的声誉遭到了毁坏，不要以为你永远得不到清白，怀着坚定的信念勇敢地走向前吧！

让担忧和焦虑、沉重和自私远离你；更要避免与愚蠢、虚假、错误、虚荣和肤浅为伍；还要勇敢地抵制使你失败的恶习和使你堕落的念头，你会惊奇地发现，你人生之旅是多么地轻松、自由！

走出阴影，沐浴在明媚的阳光中。不管过去的一切多么痛苦，多么顽固，把它们抛到九霄云外。不要让担忧、恐惧、焦虑和遗憾消耗你的精力。把你的精力投入到未来的创造中去吧！

其实，人都是活在自己的希望之中，倘若真的有人无望地活着，那么只能说是一具行尸走肉。在现实生活中，很多人心理非常脆弱，一旦遭遇挫折或失败，就会感到无助与绝望，更有甚者甚至会丧失活下去的勇气。其实，只要我们能够在逆境中坚守希望，多半是会柳暗花明的。请记住，心若在，梦就在！

禅意人生

你是不是成材的料子，要看你能不能经受住大灾难、大磨难的考验。一点磨难都没经历过，便想成气候，这可能吗？一点点磨难考验你，你都过不去，还谈什么齐家、治国、平天下！这样的人，一生下来就注定无大作为。

从跌倒处爬起

苦难究竟是人生的财富还是屈辱？若你战胜苦难，它便是你的财富；若苦难战胜了你，它便是你的屈辱！

在修行之人看来，那些叫苦的人并没有真觉悟，只是对“苦”有了初步的感受，但“苦”的程度还不够；若是真正吃够苦的人，不会浪费时间叫苦，而会在反思过程中将所有精力用在化解苦上。从生命的低谷重新上升，这叫“转迷成悟”。用在我们平凡的生活中，可以解释为：在哪里跌倒，就在哪里爬起来。

跌倒了，只要能够爬起来，就不会失败，坚持下去，才会成功。所以，我们不要因为命运的怪诞而俯首听命于它，任凭它的摆布。等年老的时候，回首往事，就会发觉，命运只有一半在上天的手里，而另一半则由自己掌握，一个人一生的全部就在于运用手里所拥有的去获取上天所掌握的。人的努力越超常，手里掌握的那一半就越庞大，获得的就越丰硕。

如果一个人把眼光拘泥于挫折的痛感之上，他就很难再有心思想自己下一步如何努力，最后如何成功。一个拳击运动员说：“当你的左眼被打伤时，右眼就得睁得更大，这样才能够看清敌人，也才能够有机会还手。如果右眼同时闭上，那么不但右眼也要挨拳，恐怕命都难保！”拳击就是这样，即使面对对手无比强劲的攻击，你还是得睁大眼睛面对受伤的感觉，如果不是这样的话一定会败得更惨。其实人生又何尝不是如此呢？

曾国藩初到长沙办团练的时候，按照朝廷的原旨只是让他至省城帮办湖南“团练”事务。团练并非正规部队，其职守也只是“帮办”，归根结底是帮着省里维持地方治安，关键之时要率领团练守卫地方。但是由于曾国藩为了实现像他给皇帝上的奏折中所说的那样要“成一劲旅”，即实质上的正规军的目标，以及他对大清王朝的耿耿忠心，乃至以天下为己任的高度责任感，便做出了很多干预地方“公事”的蛮干之举。

发生的一件重要事情是曾国藩越权干预绿营兵。

按照清朝常例，绿营兵由总督统辖，由各省提督统带，负责训练等事务。团练大臣只能管辖团勇，对地方绿营军营务更无权过问，可曾国藩却通过塔齐布对湖南绿营军加以干涉，于是，便引起湖南绿营骄将惰兵的反对。长沙协副将清德早对曾国藩干预绿营不满，于是便利用部队的懒惰情绪，拒绝听从曾国藩的命令，不再参加与团练的会操，也不再听曾国藩的训话。随即发生了绿营兵冲击曾国藩公馆的事。

事后，长沙城里的各级官吏皆言曾国藩干预绿营兵务是自取其辱。曾国藩知道长沙再无自己的立足之地，于1853年9月自动离开长沙，移驻衡州。

本来地方团练大臣们的地位就很尴尬，他们既不是地方大吏，又不是钦差大臣，只是辅佐地方组织地主武装，协同维护地方秩序，这个举措是清政府的应急手段，而曾国藩却一味蛮干，以钦差大臣自居，到处自以为是，因此曾国藩初办团练困难重重，如果继续留在长沙，显然已是十分不利。他自己已明确地感到居人之室、借人之军难以立足，必须发奋练成自己的一支军队才有成功的本钱，于是决定离开长沙，到衡州独辟山林。

关于曾国藩移师衡州，在他 1853 年 10 月写给他的老师吴文镕的信中也详细谈到此事，其中一部分是这样说的：

"在训练乡勇的时候，我常常与塔齐布等将领谈及驻守在长沙城内的八旗兵也可加以操练，四五月间八旗兵与乡勇联合操练，阵营整齐，纪律严明，因此时常给予一些小小的赏赐以示鼓励，并想通过这种方法，使兵勇养成为国家、为君长献身的气概，以惩戒奸猾懒惰、飞扬跋扈的恶习。因为塔将勤劳奋发，我因此十分器重他，而清副将本来就不被湖南百姓所拥护，而且贪图逸乐、碌碌无为，我因此十分厌恶他。从此，清副将对塔将心怀不满，且恨之入骨。六月初，提军来到省城长沙，清副将便在提军面前诬陷塔将，千方百计想煽起提军对塔将的不满。这样就逐渐形成了文武不和、兵勇不睦的局面。我认为如今这种黑白颠倒的状况，大大违背了民心，于是为保护塔将，弹劾了清副将。恰巧张亮基中丞为保护塔将也在这时写了弹劾清副将的奏状，真可谓是不谋而合。"

"七月十三日，乡勇在试枪的时候，误伤一提标长夫。标长的兵卒于是打出旗帜，吹起号角，荷枪实弹来到城外操练场，伺机寻乡勇开仗。因为该乡勇是湘乡人，长夫是常德人，为了避嫌，我只将该乡勇推至城墙上，责罚二百军棍，而那长夫则不予治罪。这样做的目的，是希望严格要求自己的部下，来使别人信服。八月初四，永顺兵与展肋因赌博的缘故，又执旗吹号，下城开仗。我认为，如果部队经常发生内讧，告示刚刚贴出去，却发生了初六夜之变乱，他们毁坏馆室，杀伤门卫。在这种情况下，我想，如果将实际情况奏明圣上，自己身为地方官吏，不但不能为国家消弭大乱，反而以琐碎的小事亵渎圣上的视听，心里实在有些不安，如果隐忍不报，大事化小，那么平日震慑匪徒的威严将会损于一旦，那些不法之辈就会肆行无忌，正因此我左右矛盾、进退两难，所以抽身转移，匆匆忙忙开始了衡州之行。因为我在今年二月的奏折中，曾经向圣上奏明，衡、永、郴、桂匪徒极多，将来在适当的时候前往衡州驻扎数月。”

后来，曾国藩终于在衡州实现了自己练成一支“劲旅”的愿望。一个“挺”字最终让曾国藩成就了大业。

人生就像在爬山，一路上总是坎坷不断，跌倒了便爬起来，这才能登上山顶。跌倒了就趴着，这就是懦夫。如果你放弃了站起来的机会，就那样萎靡地坐在地上，不会有人去搀扶你。相反，你只会招来别人的鄙夷和唾弃。要知道，如果你愿意趴着，别人是拉不起你的，即便是拉起来，你早晚还会趴下去。

人不怕跌倒，就怕一跌不起，这也是成功者与失败者的区别所在。在这个世界上，最不值得同情的人就是被失败打垮的人，一个否定自己的人又有什么资格要求别人去肯定？自我放弃的人是这个世界上最可怜的人，因为他们的内心一直被自轻自贱的毒蛇噬咬，不仅丢失了心灵的新鲜血液，而且丧失了拼搏的勇气。更可悲的是，他们的心中已经被注入了厌世和绝望的毒液，乃至原本健康的心灵逐渐枯萎……

在人生崎岖的道路上，放弃这个念头随时都会悄然出现，尤其是当人迷惑、劳累困乏之时，更要加倍地警惕。偶尔短时间地滑入低落状态是很正常的现象，但长期处于低落之中就会酿成人生的灾难了。

所以说，要想堂堂正正地活着，首先就要有自信，有了自信才能产生勇气、力量和毅力。具备了这些，困难才有可能被战胜，目标才可能达到，胜利才可能拥有。但是自信绝非自负，更非痴妄，自信建筑在崇高和自强不息的基础之上才有意义。心中有自信，成功有动力。莎士比亚说过："自信是成功的第一步。"当你满怀激情踏上人生之路时，请带上自信出发，那么一切都将会改变。

禅意人生

想要人生精彩，就不要轻易下结论否定自己，不要怯于接受挑战，只要开始行动，就不会太晚；只要去做，就总有成功的可能。世上能打败你的只有你自己，成功之门一直虚掩着，除非你认为自己不能成功，它才会关闭，而只要你自己觉得可能，那么一切就皆有可能。

坚忍于战则无敌

何为"坚忍"？刚强牢固为坚，勇毅强挺为忍。君子持威重，执坚忍，临大难而不惧，视白刃若无也。欲立不世之功，得成勋世伟业，非坚忍所不能也。坚忍于战则无敌。

毫无疑问，一个人在成功之前，必然会遭遇到很多挫折，甚至遭遇某种程度的失败。在失败重重打击一个人时，最简单和最合乎逻辑的方法就是放手不干，大多数人都是这样想的，也是这样干的。古今中外，众多的成功者并不是依赖机会或好运气，而是得力于他们坚韧不拔的精神。一个人要想成就一番大事业，都不可能一帆风顺，而缺乏坚韧力是失败的主要原因之一，也是大多数人常见的共同弱点。这弱点可用努力加以克服。

在佛家看来，人有生苦、老苦、病苦、死苦、爱别离苦、怨憎会苦、求不得苦及五阴炽盛苦这八苦。其实，追求事业成功之人所经历的岂止是八苦？有工作之苦、环境之苦、气候之苦、身体之苦、离乡背井之苦、抛妻别子之苦、寂寞孤独之苦、上当受骗之苦、挫折失败之苦乃至于血本无归之苦，等等。对于这么多苦，如果一个人都能从容面对、积极克服，那还有什么困难不能克服的呢？世人都认为能满足心愿就是快乐，可这种愿望常常被快乐引诱到痛苦中；达士平日能忍受各种横逆不如意的折磨，在各种磨炼中享受奋斗抗争之乐，最终换来真快乐。

朱威廉出生在美国南加州，父母都是上海人，经营着一家中餐厅，在经过最初的艰苦之后，生活变得越来越富足。大学之时，朱威廉攻读的是法律，出于对警匪片的喜爱，他从小就立志要当一名警察。终于，在大学末期，他前往洛杉矶当了一年的警察。不过，父母觉得这一职业太过危险，非常担心他的安全，所以更希望他能够回家继承家业。

然而，朱威廉并不喜欢经营餐馆，他觉得这种工作太过枯燥，与自己向往的生活相去甚远，而且作为一个男人，在自己家中做事，完全没有自我价值的体现，没有独立的感觉。所以，虽然为不使父母担心而放弃了警察职业，但朱威廉始终没有同意经营餐馆。

当时，中国正处于高速发展时期，许多外商都选择在中国投资。于是，1994 年，朱威廉带着三万美金来到上海。他想得很天真，以为来了就可以成就一番大事业。可到了上海他才发现，自己的想法竟是如此幼稚——别人投资动辄几十万甚至几百万美金，而自己只有区区三万美元。而且，他一到上海就住在了高级宾馆中，每晚至少要花费 200 美金。半年之内，朱威廉连续搬家，从五星到四星、三星、两星、一星、没星，最后落魄到租住一间二十多平方米的旧民房，连空调都没有安装。这时候，他的口袋里只剩下了几千块美金。

到了山穷水尽的时候，他也打过退堂鼓，觉得在中国做事业太难，人多，竞争也大。有一次，他都到了机场，甚至连行李也已办完托运。可他坐在机场休息大厅里一想“就这么回去多没面子啊！”以前来自家餐厅吃饭的多是中国人，很多人都会大叫：“我要回中国做生意去了。”但过了三四个月，再回来以后，就什么都不说了。在朱威廉看来，这些人就像是夹着尾巴逃回来一样，往往成为大家的笑柄。如果就这样回去，那岂不是和他们一样了吗？这会被朋友笑死的！

于是，在飞机起飞前，朱威廉又决定重整旗鼓，从头开始，背水一战！

创业之初，他只有一个 15 平米的办公室，一台从美国运来的苹果机，后来招聘了两名员工，有了一点小小的知名度。那时，朱威廉还亲自跑业务。一连做成了几笔小生意，有了成绩，他又在大学里招了几名员工。可是好景不长，他的业务经理挖了自家墙角，将大部分员工带走另起炉灶。朱威廉的账户里就只剩下两三百元人民币了。这件事给了他很大刺激，同时也给予了他极强的动力，他愈发努力起来。几年以后，他获得了“沪上直邮广告大王”的美誉，他的总公司设在上海，员工人数达九十余名，此外，在北京、重庆，朱威廉又都设立了分公司。1997 年，他的公司成功加盟世界上最大的广告集团。

可见，刚强的性格永远是成大事者的基本特质。天下的事没有轻而易举就能获得的，必须要靠刚强的性格去征服。这是最基本的成功法则。

《王竹语读书笔记》中写道：“忍耐痛苦比寻死更需要勇气。在绝望中多坚持一下，终必带来喜悦。上帝不会给你不能承受的痛苦，所有的苦都可以忍。”是的，人只要具备了坚忍的品质，便可以苦中取乐，若懂得苦中取乐，则必然会苦尽甘来。

正如古语所说的那样，“宝剑锋从磨砺出，梅花香自苦寒来”。宏图大业不是异想天开、一蹴而就的，不经一番风霜苦，哪有梅香扑鼻来？成大功、立大业者，都得经过艰苦卓绝的奋斗、不同寻常的忍耐，几乎可以说，任何人所能取得的成就，基本上都是在坚忍中一点一滴积累起来的。细节上渐渐积累，战略上目光长远，进取心百折不挠，方可替自己事业的成功奠下厚实的基石。

为学做事的道理，就好比堆土为山，只要坚忍下去，总归有成功的一天；否则，眼看还差一筐土就堆成了，可是到了这时，你却歇了下来，一退而不可收拾，也就会功亏一篑，没有任何成果。所以说，只有勤奋上进，不畏艰辛一往无前，才是向成功接近的最好途径。

其实，生活的现实对于我们每个人本来都是一样的。但一经各人不同“心态”的诠释后，便代表了不同的意义，因而形成了不同的事实、环境和世界。心态改变，则事实就会改变；心中是什么，则世界就是什么。心里装着哀愁，眼里看到的就全是黑暗；心里装着信念、装着坚忍，你的世界亦会随之刚强起来。

尽人事，听天命

你无法决定生命的长度，但可以控制它的宽度；你无法控制天气，但可以改变心情；你无法改变容貌，但可以满面笑容；你无法预知明天，但可以充实今天；你无法一帆风顺，但可以不遗余力。人生亦如镜子，你怎样对它，它便怎样对你。

天命，即上天的命令，在佛家看来这是不可违的，所以佛说：你认命比抱怨还要好，对于不可改变的事实，你除了认命以外，没有更好的办法了。

我们在生活中，也常常因为阅历不够，遭遇一些无法改变的事情。遇到这些事情，不要去硬拼，更没必要非弄个鱼死网破，因为鱼死了网也未必会破；也不必弄个玉碎瓦全，因为碎了的玉和瓦没什么区别，不如去顺应、去配合，把自己磨得圆滑一些。

一位美国旅行者来到苏格兰北部。他问一位坐在墙上的老人："明天天气怎么样?"

老人看也没看天空就回答说："是我喜欢的天气。"

旅行者又问："会出太阳吗?"

"我不知道。"老人回答。

"那么，会下雨吗?"

"我不想知道。"

这时旅行者已经完全被搞糊涂了。"好吧，"他说，"如果是你喜欢的那种天气，那会是什么天气呢?"

老人看着美国人，慢慢说道："很久以前我就知道自己无法控制天气，所以不管天气怎样，我都会喜欢。"

既然控制不了，就选择去喜欢！不要固执地扛住不放，有时，"顺应天命"也是一种不错的选择。别为你无法控制的事情而烦恼，你要做的是决定自己对于既成事实的态度。

生活中发生的很多事情也许已将我们磨得失去了耐性，可是没有办法改变，又能怎么办呢？最好的办法，就把生活当成自己的恋人吧，在经受挫折时，就当是她在发脾气，不要与她计较，哄哄她也是一种生活的情调。

生活就是这样，当你没办法改变世界时，唯一的方法就是改变自己。

许多年前，一个妙龄少女来到东京酒店当服务员。这是她的第一份工作，因此她很激动，暗下决心：一定要好好干。她想不到，上司安排她洗厕所。洗厕所！说实话没人爱干，何况她从未干过这种粗重又脏累的活，细皮嫩肉、喜爱洁净的她干得了吗？她陷入了困惑、苦恼之中，也哭过鼻子。

这时，她面临着人生的一大抉择，是继续干下去，还是另谋职业？继续干下去，太难了；另谋职业，知难而退？她不甘心就这样败下阵来，因为她曾下过决心：人生第一步一定要走好，马虎不得！这时，同单位一位前辈及时出现在她面前，帮她摆脱了困惑、苦恼，帮她迈好了这人生的第一步，更重要的是帮她认清了人生之路应该如何走。他并没有用空洞的理论去说教，只是亲自做了一遍给她看。

首先，他一遍遍地抹洗着马桶，直到抹洗得光洁如新；然后，他从马桶里盛了一杯水，一饮而尽，竟然毫不勉强。实际行动胜过万语千言，他不用一言一语就告诉了少女一个极为朴素、极为简单的真理：光洁如新，要点在于“新”，新则不脏，因为不会有人认为新马桶脏，也因为马桶中的水是不脏的，所以是可以喝的。反过来讲，只有马桶中的水达到可以喝的洁净程度，才算是把马桶洗得“光洁如新”了，而这一点已被证明可以办得到。

同时，他送给她一个含蓄的、富有深意的微笑，送给她关注的、鼓励的目光。这已经够用了，因为她早已激动得几乎不能自持，从身体到灵魂都在震颤。她目瞪口呆，热泪盈眶，恍然大悟，如梦初醒！她痛下决心：“就算一生洗厕所，也要做一名洗厕所最出色的人！”

从此，她成为一个全新的、振奋的人，她的工作质量也达到了那位前辈的高水平。当然，她也多次喝过马桶水，为了检验自己的自信心，为了证实自己的工作质量，也为了强化自己的敬业心。

在生活和工作中，我们会遇到许多的不如意。比如，你是一个刚毕业的学生，很喜欢编辑的工作，可是放在你面前的就只有文员的角色；你是一个准妈妈，很想要个儿子，可是生下来的偏偏是女儿；你正处于事业的爬坡期，你以为升职的名单里会有你，可是另一个你认为不如你的人却代替你升了职……既然改变不了事实，那么我们何不顺应环境，理清思绪，让自己重新开始呢？

要知道，没有人可以事事顺心如意，哪怕是古时的皇帝。所以，别用你的固执去挑战生活的脾气，对于那些无力改变的事情，我们不妨用积极的心态去接受它、去改变它，让它渐渐变成你想要的模样。

禅意人生

人生在世，凡事但求尽能力、尽本分、尽良心去做，至于结果如何又是另一回事，问心无愧即可。所谓“谋事在人，成事在天”，你只要竭尽全力，人生便不存在遗憾。

第五辑
不恕众生，是苦了你自己

一个人如果不能从内心去原谅别人，那他就永远不会心安理得。所以你永远要宽恕众生，不论他有多坏，甚至伤害过你，你一定要放下，才能得到真正的快乐。

理易清，仇易乱

忘记仇恨，解脱便在当下。忘记仇恨，就当是前世的因果，今世的错。忘记仇恨，一切便都平复了。

佛告诉世人："要学会忘记仇恨，要学会放下。"学会忘记、学会放下、学会宽恕别人，于我们而言是一种解脱。唯有懂得宽恕、学会放下，才能够以更好的姿态继续以后的生活。倘若一心念着别人对自己的伤害，心灵就会被仇恨所驾驭，受伤害的终究还是我们自己。

仇恨就是埋在我们心中的火种，如果不设法将其熄灭，必然会烧伤自己。有时候，即便自己已经灼烧成灰，对方却依然毫发无伤。仇恨常常左右人们的理智，使人们对复杂多变的形势做出错误的分析和判断。因此有人说，一个被仇恨左右的人一定是不成熟的人。因为聪明的人一定会懂得在选择、判断时，摒除外界因素的干扰，采取理智的做法。

三国时，曹操历经艰险，在平定了青州黄巾军后，实力增加，声势大振，有了一块稳定的根据地，于是他派人去接自己的父亲曹嵩。曹嵩带着一家老小四十余人途经徐州时，徐州太守陶谦出于一片好心，同时也想借此机会结纳曹操，便亲自出境迎接曹嵩一家，并大设宴席热情招待，连续两日。一般来说，事情办到这种地步就比较到位了，但陶谦还嫌不够，他还要派 500 士卒护送曹嵩一家。这样一来，好心却办了坏事。护送的这批人原本是黄巾余党，他们只是勉强归顺了陶谦，而陶谦并未给他们任何好处。如今他们看见曹家装载财宝的车辆无数，便起了歹心，半夜杀了曹嵩一家，抢光了所有财产跑掉了。曹操听说之后，咬牙切齿道："陶谦放纵士兵杀死我父亲，此仇不共戴天！我要尽起大军，血洗徐州。"

随后，曹操亲统大军，浩浩荡荡杀向徐州，所过之处无论男女老少，鸡犬不留。陶谦吓得几欲自裁，以谢罪曹公，以救黎民于水火。然而，事情却突然发生了骤变，吕布率兵攻破了兖州，占领了濮阳。怎么办？这边父仇未报，那边又起战事！如果曹操此时被复仇的想法所左右，那么，他一定看不出事情的发展趋势，也察觉不出情况的危急。但曹操毕竟是曹操，他是一个十分冷静沉着的人，也是一个非常会控制自己情绪的人。正因如此，他立刻分析出了情况的严重性——"兖州失去了，就等于断了我们的归路，不可不早做打算"。于是，曹操便放弃了复仇的计划，拔寨退兵，去收复兖州了。

同是三国枭雄，反观刘备，只因义弟关羽死于东吴之手，便不顾诸葛亮、赵云等人的劝阻，一意孤行，杀向东吴，最终仇未得报，又被陆逊一把火烧了七百里连营，自感无颜再见蜀中众臣，郁郁死于白帝城，从此西蜀一蹶不振。

曹操与刘备谁的仇更大？显然是曹操，曹操死了一家老小四十余人，而刘备只死了义弟关羽一人。但曹操显然要比刘备冷静得多，他面对骤变的局势，思维、判断没有受到复仇心态的任何影响，所以他才能够摆脱这次危机，保住了自己的地盘和势力。

由此可见，理易清，仇则易乱。我们做人，若说尽去七情，洗净六欲，显然是不现实的，但放宽情怀，尽量避免为情绪所控制则并不是什么难事。

我们淡忘仇恨，同时也是解放了自己。与其因为愤恨而耗尽自己一生的精力，时时记着那些伤害你的人和事，被回忆和仇恨所折磨，还不如淡忘它们，把自己的心灵从禁锢中解脱出来。遇事但凡有这个念头在，你的人生势必会少为烦恼所牵绊，你的心灵自然会智慧、轻松许多。

你要记住，你是思想的主人，而不是它的奴隶。你有能力控制自己的思想，所以你要运用这种能力来忘记一个人以及他对你造成的伤害。如果你忘不了，就是放不下他，他便占据了你的思想。所以忘记仇恨，这是一个明智的做法。如果你还没有学会遗忘，你就应该要求自己，甚至是强迫自己，不去仇恨别人。

禅意人生

世人都有一个个待解的心结，你我应知：尊重别人即是尊重自己，原谅别人即是善待自己。天下人皆应放下自己的仇恨，用一双慧眼、一颗澄明的心，化敌为友、变丑为美、除恶取善、化苦得乐！

让他三分何等清闲

大丈夫成家容易，士君子立志何难。退一步自然安稳，忍一句自无忧伤。让他三分何等清闲，忍耐一时便是神仙。

让人一步，就是让自己更进一步。为什么这样说呢？懂得让人就是有了谦虚心、智慧心、慈悲心！每让人一步，便是使自己的谦虚心、智慧心、慈悲心增长了一些。所以佛门中人讲究不争不斗，视礼让为一种福报。

然而在现实生活中，有些人就是喜欢争吵，常常是无理也要争三分，得理则更是不饶人，非论个是非曲直不可。其实这种做法很不明智，吵架又伤和气又伤感情，不值。好在还有一些人，即使理在手中，也不声不响，得理也能让三分，显示出豁达的君子风度。前者活得斤斤计较，让人反感；后者活得自在潇洒，令人敬服。

在安徽省桐城市的西南一隅，有一条全长约 180 米、宽 2 米的巷道，当地人称之为“六尺巷”。

据作家姚永朴《旧闻随笔》和《桐城县志略》等史料记载，清朝名臣张英便住在这里，张英历任礼部侍郎、兵部侍郎、工部尚书、翰林院掌院学士、文华殿大学士、礼部尚书等职，名声显赫，桐城人习惯将他称为“老宰相”，其子张廷玉称为“小宰相”，父子二人合称为“父子双宰相”。

当年张英家和一户姓吴的人家比邻而居，房屋之间有块空地被吴家给占用了，张家的人就送信给张英，让他出面干预。张英看罢来信，就写了首诗给家人，诗上说：“一纸书来只为墙，让他三尺又何妨。长城万里今犹在，不见当年秦始皇。”家人见书明理，遂撤让三尺。吴家见此情景深感惭愧，亦退让三尺，这样张、吴两家之间就形成了六尺宽的巷道，后人称为“六尺巷”。

张英轻启朱毫，四两拨千斤，简简单单的几句诗，就化解了原本剑拔弩张的邻里矛盾，为时人亦为后人做出了谦逊礼让、与人为善的绝好榜样。

事实上，张英的做法不仅是与人为善，他身居官场，处处都是陷阱，步步都得小心，正如古人所说，如临深渊，如履薄冰，稍不留神，就可能遭遇灭顶之灾，顷刻之间，身毁人亡。所以张英从大局着想，还是忍让为好，免得事情闹大了，虽然不至于当时影响他的前途，但从长远来看，未尝不是个祸患。让他三尺，不仅化解了无形的隐患，又解决了邻里的纷争，实在是一举两得。

我们知道，人是一种社会性的高等动物。人是社会的人，社会性是人的根本属性。人要在世间立身，就应该学会处世。吕坤认为，善处世“只于人情上做功夫”。

世间的人之常情是怎样的呢？吕坤认为，闻人之过则津津乐道，闻己之过则百般掩饰；见名利尽揽身上，见过失尽推他人；从薄处去推究他人情感，从恶边去揣度他人之心，这是天下人的通病。那么，怎样才能消除这些病痛呢？吕坤认为，首先要律己。自身要做到心诚，“诚则无心”，要有识见，身处污泥不被其玷污，不要把“你我”二字看得过于透彻，要有毫不利己、专门利人的精神，更重要的一点是要善于体察自己的过失。相对地说，客观公正地对待他人的过失比较容易些，而坦诚公正地认识自己就非常困难了。这是由于私欲等主观因素和非主观因素所造成。所以我们必须做到每日“三省吾身”，这是非常必要的，因为认识自我是安身处世的重要前提。

其次，要善于宽厚待人。由于人的能力有大有小，天下的事情应听凭各自的方便，绝不能强求做到整齐划一，一刀切，只要能把事情办成就行，否则的话，既使人情备受痛苦，又是于事无补的。

人非圣贤，孰能无过？在正确对待他人的过失和错误上，吕坤提出了一系列的积极主张。如不以己所长而责备别人，责备人应留有余地，要谅人之愚，体人之情，等等。一字概括，即为“恕”字。这里，吕坤指出劝善应以教育为主，既要指明对方的错误，使对方改过自新，又要考虑对方的承受能力。要分析对方的心理特点，千万不可以权压人，以理压人，以法压人，把对方逼上绝路。那只能使对方负隅顽抗，更加肆无忌惮。吕坤认为，人一旦到了无所顾忌的地步，就无所谓尊严、刑罚和事理了。因此，对于犯有过失的人，特别是偶一失足的青少年，要动之以情，晓之以理。心诚则灵，这样感化别人，能收到事半功倍的效果。吕坤真不愧是一位伟大的教育思想家。当然，现代社会是法制社会，应该以道德教化与法治并重，过分地强调一点，而忽视另一点的做法都是片面的。

故意挑剔毛病，硬找差错，没有问题也生出了问题。有时伪装成对工作事业认真负责的样子，有时又换上一副蛮横不讲理的嘴脸，或自以为聪明透顶，或傲慢无知。不管属于其中的哪一种表现，心里都揣着一个恶的念头，不愿与人为善。因为一切事物都不可能尽善尽美，所以他总是能为自己的行为“理由”一番。当一个人如此这般的时候，大抵他们并非冲着真理、正确、原则而来的，恰恰相反，他们只是以此作为口实和把柄，来达到他们自己的不可告人的目的，对人不对己。如果有谁也像他们那样反过来，用他们的矛，刺他们的盾，恐怕他们也会束手无策了。

《吕氏春秋·举难》中说：世界上找一个完人是很困难的，尧、舜、禹、汤、武，春秋五伯亦有弱点和缺点，比尧舜禹还要圣明的神农、黄帝犹有可指责的。所谓“材犹有短，故以绳墨取木”，就是作为栋梁之材的人，也有短处，不然为什么要用绳墨来把栋梁之材加工得又方又直呢？“由此观之，物岂可全哉!”所以天子不处全、不处极、不处盈。全则必极，极则必盈，盈则必亏。“先王知物不可全也，故择务而取一也”。

孟子说，君子之所以异于常人，便是在于其能时时自我反省，即使受到他人不合理的对待，也必定先反省自己本身，自问：“我是否做到仁的境界，是否欠缺礼？否则别人为何如此对待我呢?”等到自我反省的结果合乎仁也合乎礼了，而对方强横的态度却仍然不改，那么，君子又必须反问自己：“我一定还有不够真诚的地方。”再反省的结果是自己没有不够真诚的地方，而对方强横的态度依然故我，君子这时才感慨地说：“他不过是个荒诞的人罢了。这种人和禽兽又有何差别呢？对于禽兽根本不需要斤斤计较。”

事实上，按照一般常情，任何人都不会把过去的记忆像流水一般抛掉。就某些方面而言，人们有时会有执念很深的事件，甚至会终生不忘。当然，这仍然属于正常之举。谁都知道，怨恨会随时随地有所回报。因此，为了避免招致别人的怨愤，或者少得罪人，一个人行事需小心在意。《老子》中据此提出了“报怨以德”的思想。孔子也曾提出类似的话来教育弟子：“以直报怨，以德报德。”其含义均是叫人处世时心胸要豁达，以君子般的坦然姿态应付一切。

《庄子》中对如何不与别人发生冲突也作了阐述。有一次，有一个人去拜访老子。到了老子家中，看到室内凌乱不堪，心中感到吃惊。于是，他大声咒骂一通扬长而去，翌日，又回来向老子致歉。老子淡然说道：“你好像很在意智者的概念，其实对我来讲，这是毫无意义。所以，如果昨天你说我是马的话我也会承认的。因为别人既然这么认为，一定有他的根据，假如我顶撞回去，他一定会骂得更厉害。这就是我从来不去反驳别人的缘故。”

从这则故事中可以得到如下启示：在现实生活中，当双方发生矛盾或冲突时，对于别人的批评，除了虚心接受之外，最好还能养成毫不在意的功夫。

禅意人生

人聚群而居，难免有所磕碰。届时，有一分退让，就受一分益；吃一分亏，就积一分福。反之，存一分骄，就多一分败，占一分便宜，就招一次灾祸。故而，君子应以让人为上策。

以爱对恨，恨自然消

对于他人的恶意，只要不是原则性的大事，我们与其与之针锋相对，莫不如任他去“撒泼”。须知，世事到头终有报，再过几载，你便可见“忍”与“逞”的区别。

世上有许多灾祸、矛盾的起因可能都是些微不足道的小事，只因彼此针锋相对，谁也不肯吃亏，才会将问题升级，演变得不可收拾。这其中因口角之争而引发无穷祸患的例子不在少数。如果此时可以退让一步，其实是可以将祸患化于无形的。

唐开元年间有位梦窗禅师，他德高望重，既是有名的禅师，也是当朝国师。

有一次梦窗禅师搭船渡河，渡船刚要离岸，远处走来一位骑马佩刀的武士，大声喊道：“等一等，等一等，载我过河。”他一边说一边把马拴在岸边，拿着马鞭朝水边走过来。

船上的人纷纷说：“船已离岸，不能回头了，干脆让他等下一回吧。”船夫也大声回答他：“请等下一回吧。”武士急得在岸边团团转。

坐在船头的梦窗禅师对船夫说：“船家，这船离岸还没多远，你就行个方便，掉过船头载他过河吧。”船夫见梦窗禅师是位气度不凡的出家人，便听从他的话，把船驶了回去，让那位武士上了船。

武士上船后就四处寻找座位，无奈座位都满了，这时他看到了坐在船头的梦窗禅师，便拿马鞭抽打他，嘴里还粗野地骂道：“老和尚，走开点！把座位让给我！难道你没看见本大爷上船？”这一鞭正好打在梦窗禅师的头上，鲜血顺着脸颊汩汩地流了下来，梦窗禅师一言不发地起身把座位让给了蛮横的武士。

这一切被船上的乘客们看在眼里，大家既害怕武士的蛮横，又为禅师的遭遇抱不平，就窃窃私语：“这个武士真是忘恩负义，要不是禅师请求，他能搭上船吗？现在他居然还抢禅师的位子，还动手打人，真是太不像话了。”武士从大家的议论中明白了事情的缘由，心里十分惭愧，可是又拉不下面子去认错。

等船到了对岸，大家都下了船。梦窗禅师默默地走到水边，用水洗掉了脸上的血污。

那位武士再也忍受不了良心的谴责，上前跪在禅师面前忏悔道：“禅师，我错了。对不起。”禅师心平气和地说：“不要紧，出门在外难免心情不好。”

很多时候我们发脾气、与别人发生冲突，都只是因为一念之差。如果当时能把火气压制住，让自己头脑冷静一下，或许就不会产生纠纷了。但遗憾的是，人们往往因为惯有的习气而不能宽容别人，结果造成了许多不必要的麻烦。

生活中别人不怀好意的侮辱，也可能是出于误解，如果我们不肯忍耐，非要计较个一清二白，那或许反而会把事情弄得更糟。须知，隔阂一旦形成，就很难再消除，所以对于那些无谓的琐事，我们不妨糊涂“一些”，权当不知，这样于你、于他而言，都可以说是一件幸事。

其实，即使一个非常宽容的人，也往往很难容忍别人对自己的恶意诽谤和致命的伤害。但唯有以德报怨，把伤害留给自己，才能赢得一个充满温馨的世界。释迦牟尼说：“以恨对恨，恨永远存在；以爱对恨，恨自然消失。”

面对那些无意的伤害，宽容对方会让对方觉得你心胸的博大，可以消除无心人对你造成伤害后的紧张，可以很快愈合你们之间不愉快的创伤。而面对那些故意的伤害，你博大的心胸会让对方无地自容，因为宽容对方则体现出的是一种境界。宽容是对怀有恶意者最有效的回击，不管别人有意还是无意伤害了你，其实他的内心也会感到不安和内疚，或许是因为碍于所谓的“面子”而不肯认错，而你的宽容就会使彼此获得更多的理解、认同和信任。自己也有犯错的时候，并会因为犯错觉得担心，不知所措，希望对方能原谅自己，同时也会对自己的缺点忐忑，不希望被别人看不起。所以就要站在对方的角度考虑，当自己遇到不原谅别人错误的人会怎么想。

事事计较是不会有什么结果的，已经发生了的事情不会有任何改变，也不能扭转任何已经发生了的事情。以宽容的态度待人，以理解作为基础，站在客观的角度给人评价，可以从别人身上学到自己所没有的长处和优点，也能使自己对对方的不足给予善意的充分理解。在日常生活中，时不时都会有如何要求别人的时候，还有如何对待自己的问题。能否把握好一个律己和待人的态度，不仅能充分反映出一个人的修养，还能培养与人之间的良好关系。

禅意人生

你若能说服自己从心里去接受伤害过自己的人，也就不难从行动上去改变他们。一颗宽容、忍让的心能感化任何人、任何物，只要你付出的是一颗真心，便可转恶为善。当我们心生恨意时，请尽量平心静气，换一种心态，用宽恕、谅解的心去看待他，助他驱除邪恶，唤醒纯洁的灵魂。

常行于慈心，除去恚害想

真正的饶恕，不是我不与你计较，而是主动与得罪你的人和好。

做人，一定要保持一颗慈爱的心，除去那些怨恨别人的想法。因为憎恨别人对自己是一种很大的损失。恶语永远不要出自于我们的口中，不管他有多坏，有多恶。你越骂他，你的心就被污染了。你要想，他就是你的善知识。虽然我们不能改变周遭的世界，我们就只好改变自己，用慈悲心和智慧心来面对这一切。拥有一颗无私的爱心，便拥有了一切。根本不必回头去看咒骂你的人是谁？如果有一条疯狗咬你一口，难道你也要趴下去反咬它一口吗？

一只脚踩扁了紫罗兰，它却把香味留在那脚上，这就是宽恕。

可是，我们常在自己的脑海里预设了一些规定，认为别人应该有什么样的行为。如果对方违反规定，就会引起我们的怨恨。其实，因为别人对“我们”的规定置之不理，就感到怨恨，不是很可笑吗？

大多数人一直以为，只要我们不原谅对方，就可以让对方得到一些教训。也就是说：“只要我不原谅你，你就没有好日子过。”其实，倒霉的人是我们自己：一肚子窝囊气，甚至连觉也睡不好。如果当你觉得怨恨一个人时，请先闭上眼睛，体会一下自己的感觉，感受一下自己身体的反应，你就会发现，让别人自觉有罪，你也不会快乐。

一个人爱怎么做就怎么做，能明白什么道理就明白什么道理。你要不要让他感到愧疚，对他差别不大，但是却会破坏你的生活。假如鸟儿在你的头上排泄，你会痛恨鸟儿吗？万事不由人，台风带来暴雨，你家地下室变成一片沼国，你能说“我永远也不原谅天气”吗？既然如此，又何必要怨恨别人呢？我们没有权力去控制鸟儿和风雨，也同样无权控制他人。老天爷不是靠怪罪人类来运作世界的，所有对别人的埋怨、责备都是人类自己造出来的。

即使遭逢剧变所引起的怨恨，在人性中也依然可以释怀。因为如果你希望自己好好活下去，就得抛开愤怒，原谅对方。

曼德拉因为领导反对白人种族隔离的政策而入狱，白人统治者把他关在荒凉的大西洋小岛罗本岛上27年。当时曼德拉年事已高，但看守他的狱警依然像对待年轻犯人一样对他进行残酷的虐待。

罗本岛上布满岩石，到处是海豹、蛇和其他动物。曼德拉被关在总集中营一个锌皮房里，白天打石头，将采石场的大石块碎成石料。他有时要下到冰冷的海水里捞海带，有时干采石灰的活儿——每天早晨排队到采石场，然后被解开脚镣，在一个很大的石灰石场里，用尖镐和铁锹挖石灰石。因为曼德拉是要犯，看管他的看守就有三人。他们对他并不友好，总是寻找各种理由虐待他。

谁也没有想到，1991 年曼德拉出狱当选总统以后，他在就职典礼上的一个举动震惊了整个世界。

总统就职仪式开始后，曼德拉起身致辞，欢迎来宾。他依次介绍了来自世界各国的政要，然后他说，能接待这么多尊贵的客人，他深感荣幸，但他最高兴的是，当初在罗本岛监狱看守他的三名狱警也能到场。随即他邀请他们起身，并把他们介绍给大家。

曼德拉的博大胸襟和宽容精神，令那些残酷虐待了他 27 年的白人汗颜，也让所有到场的人肃然起敬。看着年迈的曼德拉缓缓站起，恭敬地向三个曾关押他的看守致敬，在场的所有来宾以致整个世界，都静下来了。

后来，曼德拉向朋友们解释说，自己年轻时性子很急，脾气暴躁，正是狱中生活使他学会了控制情绪，因此才活了下来。牢狱岁月给了他时间与激励，也使他学会了如何处理自己遭遇的痛苦。

他说："当我迈过通往自由的监狱大门时，我已经清楚，自己若不能把悲痛与怨恨留在身后，那么我其实仍在狱中。"

人是群居性生物，因此，谁都不可以孤立地生活在这个世界上。在生活中，我们很难避免不与他人之间发生摩擦，或者是不愉快的冲突，尤其是当你感受到自己遭遇到不公平的待遇的时候，你是否会对他人产生敌意呢？你是否会因此而在心里对他人怀有怨恨之心呢？

首先可以肯定地说，当你受到了真正的不公平待遇时，你完全有理由怨恨他人，因为你是真的受了委屈。可是，请你冷静想一想，当你怨恨他人时，你从中又得到了什么呢？事实上，你所得到的只能是比对方更深的伤害。

你的怨恨对他人不起任何作用，反而会因内心怨恨影响自身健康，因为你的怨愤态度使你产生了消极情绪，这种消极情绪对你的健康和性情都会产生很大的负效应，从而对你造成伤害。更为严重的是，你总是想着自己受到了不公平的待遇，总是因此而极不愉快，从而也会招致更多的不愉快。

想想看，你是不是应该改变自己的态度呢？你要知道，我们所受到的不公，仅仅是因为我们的心理有所欲求。如果我们不看重自己心理上的这份欲求，或者把这份欲求看得很淡，那么不公又从何而起呢？

当然，除非有特殊的原因，你不必与那些与你之间存在着嫌隙的人表现友好，但是，如果你不愿意原谅和学会遗忘，那么你也就否认了自己是一个真正的受害者。这样一来，你对他人的怨愤也就会因此而升级，你自己所受到的伤害也同样会由此而升级。

事实上，忘记你所受到的不公，忘记对他人的怨愤，最终最大的受益者只能是你自己。当你忘记了怨愤，学会了遗忘和原谅，你就会发现，原来你所认为的那些所谓的不公，其实根本不值一提，因为它们在你的一生之中，是那么的微不足道。而你也同时会认识到，抛开对他人的怨愤之心，你所获得的快乐是你这一生都享受不尽的。

禅意人生

当爱不能弥合时，就会用感性方式来实现——怨恨，所有外在的怨恨都会被反弹而伤及自己，所有内在的怨恨都会伤及别人。而谅解则恰恰相反，一位哲人说过："谅解犹如火把，能照亮由焦躁、怨恨和复仇心理铺就的道路。谅解可以挽回感情上的损失，谅解可以产生人生的奇迹！"

与我有怨，不可不忘

如果不断回忆、不断动怒，便是用记忆折磨自己，是对本身的施暴！而原谅别人就是善待自己，是放弃对本身的折磨，是拒绝将往后的岁月葬送给不美好的回忆。

当一个人无法包容、谅解别人的过错时，心中便会不断滋生嗔、忿、恨、恼等不良情绪，从而导致内心进入愤怒与攻击的状态，难以自控。而人一旦陷入种种负面情绪时，观照力必然被遮蔽，无法洞悉事物本质，恶性循环之下，只会徒增偏见。嗔心非但会让人理性尽失，且由于嗔恨心日益强大，聚少成多，累积成一股巨大的负面能量，便会极度耗损心力。当每一个人都放下嗔恨的时候，我们整个世界就会充满祥和。

须知，天地之间不可以一天没有祥和之气，而人的心中则不可以一天没有喜悦的神思。我们应该想着同心协力为社会多作贡献。不能因为各自的思想方法不同，性格上的差异，甚至微不足道的小过节而互相诋毁，互相仇视，互相看不起。古人说："二虎相争，必有一伤。"这样做下去，其实谁都不好看。

试问，这个世界上谁没有与人发生过矛盾？谁没有受过丝毫委屈？智者的聪明之处在于，他们绝不会将仇恨深刻于心，让它无时无刻不在折磨自己。他们知道，唯有"相逢一笑泯恩仇"的豁达与宽容，才是自己拓宽人脉的法宝。

著名作家阿里有一次和吉伯、马沙两位朋友一起旅行。

三人行经一处山谷时，马沙失足滑落，幸而吉伯拼命拉他，才将他救起。马沙于是在附近的大石头上刻下了："某年某月某日，吉伯救了马沙一命。"

三人继续走了几天，来到一处河边，吉伯跟马沙为了一件小事吵起来，吉伯一气之下打了马沙一耳光。马沙跑到沙滩上写下："某年某月某日，吉伯打了马沙一耳光。"

当他们旅游回来之后，阿里好奇地问马沙为什么要把吉伯救他的事刻在石上，将吉伯打他的事写在沙上？

马沙回答：“我永远都感激吉伯救我，至于他打我的事，我会随着沙滩上字迹的消失，而忘得一干二净。”

“我弃功于人不可念，而过则不可不念；人有恩于我不可忘，而怨则不可不忘”。感恩是华夏民族传承了几千年的传统美德，从“滴水之恩，涌泉相报”到“衔环结草，以谢恩泽”，以及我们常言的“乌鸦反哺，羔羊跪乳”，“感恩”在国人心中有着深厚的文化底蕴，滋养了一代又一代人。

感恩是一种境界，是一种生活态度，是一项处世哲学，更是一种人生智慧。学会感恩，这是做人的基本。感恩不是单纯的知恩图报，而是要求我们摒弃狭隘，追求健全的人格。做人，应常怀感恩之心，记住别人对我们的恩惠，洗去我们对别人的怨恨，唯有如此，我们才能在人生的旅程中自由翱翔。对人对事，我们若能将恩惠刻在石头上，将仇恨写在沙滩上，那么，我们的人生将会异常的富足、异常的饱满。

一个有修养的人不同于常人之处，首先在于他的恩怨观是以恕人克己为前提的。一般人总是容易记仇而不善于怀恩，因此有“忘恩负义”“恩将仇报”“过河拆桥”等说法，古之君子却有“以德报怨”“涌泉相报”“一饭之恩终身不忘”的传统。为人不可斤斤计较，少想别人的不足、别人待我的不是；别人于我有恩应时刻记取于心。人人都这样想，人际就和谐了，世界就太平了。用现在的话讲，多看别人的长处，多记别人的好处，矛盾就化解了。

禅意人生

人与人之间相处，需要用“和气”来化解彼此之间的矛盾。人和人都是不同的，对于性格、见解、习惯等方面的相异，要以和为重，若“疾风暴雨、迅雷闪电”会影响人们之间的关系，甚至导致感情破裂，反目成仇；而若和气面对彼此的不同，进而欣赏对方的优点，则对方也会对你加以赞美。这样一来，你们的“祥”和“瑞”也就更多了。

比丘常带三分呆

不原谅，人与人之间的关系便无法修复。倘若你过分关注他人的过错，而不是尝试去纠正，往往会使事情偏离正确的轨道。人不能被气愤牵着鼻子走。

佛陀常常告诫弟子们，“比丘常带三分呆”，是要弟子们做大智若愚之状，凡事不要太计较，即使遭到了别人的无礼也要宽恕他们，因为宽恕别人，也是升华自己。

宽恕，能使“我”与“他”开始重新建立关系；能使“我”与“他”从过错造成的负罪感中解脱出来，使彼此关系出现新的可能与机会；宽恕，能使人与人的交流重新顺畅，为爱铺平道路。宽恕的中心要素在于改变自己意欲报复、伤害他人的态度和行为，使之转向，转为——无私、谦让、慷慨与服务。

20世纪50年代，中国台湾的许多商人知道于右任是著名的书法家，纷纷在自己的公司、店铺、饭店门口挂起了署名于右任题写的招牌，以示招徕顾客。其中确为于右任所题的极少，赝品居多。

一天，一学生匆匆地来见于右任，说："老师，我今天中午去一家平时常去的小饭馆吃饭，想不到他们居然也挂起了以您的名义题写的招牌。明目张胆地欺世盗名，您老说可气不可气！"

正在练习书法的于右任"哦"了一声，放下毛笔，然后缓缓地问："他们这块招牌上的字写得好不好？"

"好我也就不说了。"学生叫苦道，"也不知他们在哪儿找了个新手写的，字写得歪歪斜斜，难看死了。下面还签上老师您的大名，连我看着都觉得害臊！"

"这可不行！"于右任沉思片刻，说道，"你说你平时经常去那家馆子吃饭，他们卖的东西有啥特点，铺子叫个啥名？"

"这是家面食馆，店面虽小，饭菜都还做得干净。尤其是羊肉泡馍做得特地道，铺名就叫'羊肉泡馍馆'。"

"呃……"于右任沉默不语。

"我去把它摘下来！"学生说完，转身要走，却被于右任喊住了。

"慢着，你等等。"

于右任顺手从书案旁拿过一张宣纸，拎起毛笔，刷刷在纸上写下了些什么，然后交给恭候在一旁的学生，说道："你去把这个东西交给店老板。"

学生接过宣纸一看，不由得呆住。只见纸上写着笔墨酣畅、龙飞凤舞的几个大字——"羊肉泡馍馆"，落款处则是"于右任题"几个小字，并盖了一方私章。整个书法，可称漂亮之至。

"老师，您这……"学生大惑不解。

"哈哈。"于右任抚着长髯笑道，"你刚才不是说，那块假招牌的字实在是惨不忍睹吗？这冒名顶替固然可恨，但毕竟说明他还是瞧得上我于某人的字，只是不知真假的人看见那假招牌，还以为我于大胡子写的字真的那样差，那我不是就亏了吗？我不能砸了自己的招牌，坏了自己的名！所以，帮忙帮到底，还是麻烦老弟跑一趟，把那块假的给换下来，如何？"

"啊，我明白了。学生遵命。"转怒为喜的学生拿着于右任的题字匆匆去了。就这样，这家羊肉泡馍馆的店主竟以一块假招牌换来了当代大书法家于右任的墨宝，喜出望外之余，未免有惭愧之意。

宽恕，亦是一种净化。当我们手捧鲜花送给他人时，首先闻到花香的是我们自己；而当我们抓起泥巴想抛向他人时，首先弄脏的就是我们自己的手。

宽恕别人，就是善待自己。仇恨只能永远让我们的心灵生存在黑暗之中；而宽恕却能让我们的心灵获得自由，获得解脱。

其实，宽恕别人的过错，得益最大的是我们自己。曾有这样一个案例，荷兰的一所著名大学的研究人员组织了一批志愿者做了一项有关"宽恕"的实验。

志愿者们被要求想象他们被人伤害了感情，并反复"回忆"被伤害时的情景。研究人员发现，此时的志愿者在身体上和精神上的压力同时加大，伴随着血压升高，他们心跳加快、出汗、面部表情扭曲。之后，研究人员又要求他们停止想自己被别人伤害的事情，虽然没有刚才的生理反应大，但是某些生理症状却依旧存在。最后，志愿者被要求想象已经原谅了自己的“假想敌”，这时，志愿者感到身心放松并且非常的愉快。

这样，研究人员得出结论：宽恕别人，不意味着为犯错的人找借口，而是将目光集中在他们好的方面，从而把自己从痛苦中拯救出来。这正应了那句话：不要拿别人的错误来惩罚自己。

佛陀说：“对愤怒的人，以愤怒还牙，是一件不应该的事。对愤怒的人，不以愤怒还牙的人，将可得到两个胜利：知道他人的愤怒，而以正念镇静自己的人，不但能胜于自己，也能胜于他人。”这就是宽恕的力量。

禅意人生

“宽，则能容；容，则能和；和，则能平。一念间的宽容，能换来长久的安乐；一时的委屈，能换来最后的成功”。宽恕别人并不困难，但也不容易，关键是看我们的心灵是如何选择的。

心包太虚

忍常人所不能忍，容常人所不能容，则可处常人所不处。人活于世，唯有心胸开阔，才可容纳万物；唯有忠厚仁义，才可昂然而立。

“心包太虚”，即只要心能包容，便可以拥有三千世界。相反，倘若心不能容，排斥愈多，则失去愈多。人之心胸若可包容一个家庭，便是一家之主；若可包容一座城，便可成为一城之主；若可包容一个国家，便可成为一国之主；若可包容整个世界乃至三千法界，便可与佛心契合无间。

在大自然中，天空可以收容每一片云彩，无论其是美是丑，所以天空辽阔无边；泰山能容纳每一块石砾，不论其大小，所以泰山一览众山小，沧海不择细流，故而能就其深。在三界，人若能容他人所不能容，则必是人中之佛。

世间有这样一幅楹联：满腔欢喜，笑开古今天下愁；大肚能容，了却人间多少事。没错，它说的就是弥勒佛，见过弥勒佛的人，往往都会陶醉于弥勒菩萨无与伦比的朗笑，更羡慕他的超级大肚子，但又有几人能够参透其中的禅意呢？

一尊数百年前的弥勒佛，因年久失修而残损，于是寺里请来佛工为其修葺。当佛工揭开弥勒佛的腹部，准备加固翻新时，在场的方丈和僧侣们无不惊愕动容——弥勒佛的腹里居然装着12个男女老少的陶俑！

弥勒菩萨容人所不能容，容尽天下苍生，这是何等伟大的胸怀！这才是宽容的真谛，更是一种令人感动的仁爱。亦如法国作家雨果所说："世界上最宽广的是海洋，比海洋更宽广的是天空，比天空更宽广的是人的胸怀。"我们或许无法做到佛祖那般博怀，但至少我们可以为自己的心灵创设一种大格局，忍人所不能忍，容人所不能容，若如此，则我们必能处人所不能处。

大肚弥勒佛之所以深得人心，并且自己也能常葆快乐，就在于他心量广大，能容天下难容之事。那么在现实生活中，我们能否真正找到心量广大的普通人呢？能，因为能容所以他也变得并不普通。

在河南省方城县，11年前，打工汉孔某沉浸在喜得千金的兴奋中时，妻子张某却告诉了他一个残酷的事实：这个新生命是她和别人的孩子！经过一番痛苦挣扎，孔某最终宽容了妻子，并将孩子视为己出。然而，11年后，这个孩子却患了白血病，生命告急！孔某能够做出惊人之举，允许妻子再次怀上旧情人的孩子用脐血干细胞挽救第一个孩子的生命吗？一方面是有悖传统道德的"奇耻大辱"，一方面是对11岁花季少女生命的无私拯救，孔某一颗平常而博大的心，被亲情和伦理这两条绳索揪紧了……

2003年4月10日上午，并非孔某亲生女儿的小华（化名）在学校突然晕倒，到医院诊病，结果确诊小华患的是要命的淋巴性白血病。

医生对孔某夫妇说，要想治好小华的病，需要张某再生个孩子，用新生儿的脐血挽救小华。这就意味着张某必须与旧情人任炎再生一个孩子，这怎么可能呢？妻子张某痛苦地低下了头，孔某更是痛苦万分：本来小华就不是自己的骨肉，怎么能再要一个又不是自己骨肉的孩子呢？

经过反复思考，孔某做出了一个令人难以置信的决定：让张某与任炎再生一个孩子救小华！然而，这个决定遭到了张某的坚决反对："这十多年来，我们早就没有任何来往，况且双方都已有家室，你让我怎么跟他讲？再说，我至死都不想让任炎知道小华是他的亲生女儿，我更不能再做对不起你的事啊！"

"生命高于一切。为了小华的生命，请你好好考虑考虑吧！"孔某诚恳地对张某说。张某又何尝不想救女儿呢？只是她万分珍惜与孔某的感情，实在不愿让这份感情再受到任何玷污了。

考虑了三天，张某觉得自己无论如何都不可能再和任炎有什么瓜葛。如果能用其他的方法与任炎再生一个孩子，倒还可以考虑。与孔某商量后，夫妇俩坦率地把自己的隐私对大夫讲明了。大夫说："你们可以采用人工授精的方法怀孕，这样也能使孩子获救。"

2004年春节前夕，孔某找到并说服了任炎，使任炎答应献出精子。

2004年3月医生为张某做了特殊的人工授精手术。手术做得很顺利，一个多月以后，张某就怀孕了。看着妈妈渐渐隆起的肚皮，小华知道新的小生命与自己的生命紧紧相系，久违的笑容，再一次回到了她的脸上。

2005年1月5日，张某在县妇幼保健院顺利产下一个女婴。生产以后，孔某当即带上装在保温箱里的一段脐带，到省人民医院做配型化验。1月11日，从郑州传来喜讯，配型成功！2月7日，张某刚刚坐完月子，孔某和她就带着两个女儿到医院，找到了大夫，大夫马上安排孩子住院。观察七天后，大夫为小华做了亲体配型脐血干细胞移植手术。手术进行了两个半小时，非常成功。住院观察期间，小华未出现大的排异反应，于3月11日痊愈出院。小华稚嫩的生命，终于又重新扬起了希望的风帆。

显然，孔某就这样承受了有悖传统伦理的“奇耻大辱”，奉献了拯救孩子生命的大爱！尽管他因此陷入了难言的尴尬和隐痛，但他的人生却因此显现了人性的光芒，令人肃然起敬。即便人们知道了其中的隐情，谁还能忍心讥讽他？因为任何人都难以做到。所以，能做到的人才最值得别人去尊敬和赞美。

但看古今中外，凡能成大事者，无不具有一种优秀品质——忍人所不能忍，容人所不能容，善于求大同存小异。这些人胸襟豁达，不拘小节，处世从大处着眼而不是鼠目寸光，得饶人处便饶人而不是斤斤计较，绝不纠缠于无关痛痒的俗务琐事。于是他们群伦影从，齐家、治国、平天下，成为不平凡的人。

不过，要真正做到不计较、可容人也并非易事，这需要以良好的修养、善解人意的思维为辅助，需要设身处地站在对方的角度上考虑问题，对一般人而言，委实有些困难。但只要你做到了，哪怕不是那么尽善尽美，你的生活中便会逐渐多出一些美好、多出一些和谐。

从另一方面说，别人对你的触犯，某种程度上是发泄和转嫁自己的痛苦，当然，我们没有义务分摊他的痛苦，但无形中也是帮助了他，是善事一件。这样想，或许你就释怀了，也就能容纳了。

禅意人生

你若能容下这个世界，这个世界也能容下你。你不用心挤对这个世界，这个世界也不会挤对你的心。这个世界是宽广的，你的心跟它一样宽广，你肯定会“量大福大”，至少你的心灵会是幸福的。

第六辑

难得糊涂，活在醉醒之间

一切万法不离自性。就是说人不可自寻烦恼，人说我痴，我就痴给他看。生活中，该糊涂时莫让自己太清醒，适当地糊涂一把，既融洽了关系又保护了自己。

不醒处正是醒处

很多事情你永远也看不清，但看不清就看不清，并无大碍。你只管做自己的事就可以了。

佛陀说："一切众生即非众生。"这个世界上有太多的人和事你永远都管不完看不清。所以，清醒的时候就难免心烦意乱，不得安宁，还是糊涂一点更快乐。

其实，糊涂亦有真假之分。不自觉的糊涂是真糊涂，刻意为之的糊涂是假糊涂，而假糊涂因是装出来的，极易露馅，一不小心就容易出问题，所以孙膑装疯就只好连臭粪也往口内塞，而且要表示不知其臭；阮、刘避世，不自禁与酒结下了缘分，常常大醉不醒，而其不醒处正是其醒处。

假糊涂之处世哲学是由乱世或皇权森怖时代之人总结出来的。乱世，并不是每个人都能闯出天大事业来的；而当皇帝自恃聪明，由着自己的性子信口开河，即或说者无心，而听者自奉以为金口玉言，金口玉言也就是金科玉律，君叫臣死，于是臣不得不死。当此之时，也就人人自危了。事实上，中国封建时代多少高官，鲜有不战战兢兢以自处者，不会装糊涂的人常常不得善终。所以很早以前老子就说"多言数穷，不如守中"，汉河上公注曰"多事害神，多言害身。口开舌举，必有祸患”，因而“不如守德于中，育养精神，爱气希言”。

曾国藩从小立志要成为圣人，但才能有限，别人都飞黄腾达了，他还屈居乡里。一天，他闷闷不乐地散步到郊外，看见一座破庙，就信步走入。

破庙中，一个老僧正拥炉看书，看得津津有味。

曾国藩忍不住上前，想看清那是一本什么书值得这样看。

但就在他刚瞟到书名的那一瞬间，那老僧竟然把书扔进了炉子里。

曾国藩吃了一惊，呆在那里。老僧哈哈大笑，还向曾国藩解释道：“我是疯子，我是疯子。”随后进屋睡觉，再不理人。

这件事给曾国藩留下深刻印象。很多年后他向李鸿章说起，问李鸿章是否明白疯僧的用意。

李鸿章聪明绝顶，但偏偏不说，假装苦思冥想不得其解，谦虚地说：“学生实不知，还是老师为我解惑吧。”

曾国藩微微叹息道：“疯僧烧书之举，意在点醒我。”

“哦？”

“那时我什么都想弄明白，其实什么都不明白，疯僧此举看似疯狂，其实用意颇深。他在告诉我，很多事情是永远看不清的，但看不清就看不清，并无大碍。你只管做你自己的事就可以了。”

人生本就是一场戏，看清了，也就释然了。郑板桥的那四个字“难得糊涂”包含着人生最清醒的智慧和禅机，只可惜有一部分人悟不透，大部分人做不到，所以，终日郁郁寡欢，忙碌不堪，事事要争个明白，处处要求个清楚，结果才发现因为太清醒了、太清楚了反倒失去了该有的快乐和幸福，留给自己的也就只剩下清醒之后的创痛。难得糊涂，糊涂难得。留一半清醒留一半醉，才能在平静之中体味这人生的酸、甜、苦、辣。古人说：“水至清则无鱼，人至察则无徒。”水太清澈了，鱼儿们无法藏身，也无法找到可以维持生存的食物，当然只有另寻可以生存的水域。人活得太清楚，要求太苛刻，也就没有了朋友。因为所有的人都有这样那样的缺点。你紧抓着这些不放，当然没有人敢接近你。做事也是如此，有时你只需睁一只眼，闭一只眼就可以了。把事做绝了，做得太清楚了只能让人害怕你的苛刻，讨厌你的精细和烦琐。所以，当你再次要求别人去做事时，别人当然是能避则避，能推则推，这时的你也许还会觉得别人不够义气，却不知是因为你活得太过清醒，要求得太过严格。

所以，人何必活得那么清醒，自己太累，别人也不舒服。

只有糊涂一点，人才会清醒，才会冷静，才会有大气度，才会有宽容之心，才能平静地看待世间这纷纷乱乱的喧嚣、尔虞我诈的争斗；才能超功利，拔世俗，善待世间的一切，才能居闹市而有一颗宁静之心，待人宽容为上，处世从容自如。

有了“糊涂”这种大智慧，你就会感到“天在内，人在外”，天人合一，心灵自由，获得一种从未有过的解放。

凭着这颗自由的心，你再不会为物所累，为名所诱，为官所动，为色所惑。

有了这种大智慧，你才会幡然顿悟，参透人生，超越生命，不以生为乐，不以死为悲，天地悠悠，顺其自然，人间得以恬静，心灵得以安宁。

禅意人生

糊涂是一种悟境。能顿悟者鲜有，可渐悟者居多。从“太精明”到“大糊涂”是人生的一种抉择，必然要有所放弃。对于绝大多数人而言，放弃是痛苦的，但唯有经历一番“痛苦”的洗礼之后，人的灵性才能得到升华。是故才有“难得”一说。

越求明白越不明白

糊涂一点，也是福气，将一切看得太明白，也是一种无奈，更是一种悲哀！

佛陀说：“人不可太尽，事不可太尽，凡事太尽，缘分势必早尽。”有些时候，入糊涂境界才是上道，活太过明白，反而累人、累己、累心。

有些时候，你之所以活得不快乐，或许正是因为活得太明白。太明白了，便会失望、便会伤心，这又何必？让一切淡淡地来，也淡淡地去，生活就是如此，不必太计较，否则为难的便是自己。

世事无常，并非因人而定，生活中那些纷纷扰扰、悲欢离合在所难免。人生有痛苦，亦有快乐，故事的结局是悲是喜无从知晓，倒不如简单一点、低调一点、糊涂一点。人活得太清楚，反而无趣。

其实，世间事总没有多少能说得清，道得明。有时越是想弄得清清楚楚，明明白白，却越是会弄得糊里糊涂，难分伯仲。所以，许多事还是不要太明白了。

寺庙中有两个小和尚为了一件小事吵得不可开交，谁也不肯让谁。第一个小和尚怒气冲冲地去找师父评理，师父在静心听完他的话之后，郑重其事地对他说："你说得对！"于是第一个小和尚得意扬扬地跑回去宣扬。第二个小和尚不服气，也跑来找师父评理。师父在听完他的叙述之后，也郑重其事地对他说："你说得对！"待第二个小和尚满心欢喜地离开后，一直跟在师父身旁的第三个小和尚终于忍不住了，他不解地问道："师父，您平时不是教我们要诚实，不可说违背良心的谎话吗？可是您刚才却对两位师兄都说他们是对的，这岂不是违背了您平日的教导吗？"师父听完之后，不但一点也不生气，反而微笑地对他说："你说得对！"第三位小和尚此时才恍然大悟，立刻拜谢师父的教诲。

其实许多事从他们个人的立场来看，他们都是对的。只不过因为每一个人都坚持自己的想法或意见，无法将心比心、设身处地地去考虑别人的想法，所以没有办法站在别人的立场去为他人着想，冲突与争执也因此就在所难免了。如果能够有一颗善解人意的心，凡事都以"你说得对"来先为别人考虑，那么很多不必要的冲突与争执就可以避免了，做人也一定会很轻松。

因此，凡事都要争个明白的做法并不可取，有时还会带来不必要的麻烦或危害。如当你被别人误会或受到别人指责时，如果你偏要反复解释或还击，结果就有可能越描越黑，事情越闹越大。最好的解决方法是，不妨把心胸放宽一些，没有必要去理会。

对于上班族来说，虽然人和人相处总会有摩擦，但是切记要理性处理，不要非得争个你死我活才肯放手。就算你赢了，大家也会对你另眼相看，觉得你是个不给朋友余地、不尊重他人的人，以后也会防着你，于是你会失去真正的朋友。而且被你损伤了尊严的同事，还可能对你记恨在心，这样无意中你就多了许多敌人。

2002 年，一位旅游者在意大利的卡塔尼山发现一块墓碑，碑文记述了一位名叫布鲁克的人是怎样被老虎吃掉的事件。由于卡塔尼山就在柏拉图游历和讲学的城邦——叙拉古郊外，很多考古学家认为，这块墓碑可能是柏拉图和他的学生们为布鲁克立的。

布鲁克从雅典去叙拉古游学，经过卡塔尼山时，发现了一只老虎。进城后，他说，卡塔尼山上有一只老虎。城里没有人相信他，因为在卡塔尼山从来就没人见过老虎。布鲁克坚持说见到了老虎，并且是一只非常凶猛的虎。可是无论他怎么说，就是没人相信他。最后，布鲁克只好说："那我带你们去看，如果见到了真正的虎，你们总该相信了吧?"

于是，柏拉图的几个学生跟他上了山，但是转遍山上的每一个角落，却连老虎的一根毫毛都没有发现。布鲁克对天发誓，说他确实在这棵树下见到了一只老虎。跟去的人就说："你的眼睛肯定被魔鬼蒙住了，你还是不要说见到老虎了，不然城邦里的人会说，叙拉古来了一个撒谎的人。"

布鲁克很生气地回答："我怎么会是一个撒谎的人呢？我真的见到了一只老虎。"在接下来的日子里，布鲁克为了证明自己的诚实，逢人便说他没有撒谎，他确实见到了老虎。可是说到最后，人们不仅见了他就躲，而且在背后都叫他疯子。布鲁克来叙拉古游学，本来是想成为一位有学问的人，现在却被认为是一个疯子和撒谎者，这实在让他不能忍受。为了证明自己确实见到了老虎，在到达叙拉古的第十天，布鲁克买了一支猎枪来到卡塔尼山。他要找到那只老虎，并把那只老虎打死，带回叙拉古，让全城的人看看，他并没有说谎。

可是这一去，他就再也没有回来。两天后，人们在山中发现一堆破碎的衣服和布鲁克的一只脚。经城邦法官验证，他是被一只重量至少有500磅的老虎吃掉的。布鲁克在这座山上确实见到过一只老虎，他真的没有撒谎。

这段碑文是不是柏拉图写的，考古学界没有给出确切的答案。实际上，这段碑文是不是柏拉图写的并不重要，重要的是这块碑文给予世人一种启示：世界上有许多不幸，都是在急于向别人证明自己正确的过程中发生的。那种急于去证明的人，其实是在寻找一只能把自己吃掉的老虎。

证明的过程是艰辛的，证明的代价是巨大的，这样即使证明的结果是正确的，那又怎么样？为了一件无关紧要的小事将自己最宝贵的东西付之一炬，这种行为是愚蠢的。尽管你的初衷是想要弄个明白，结果却证明了是自己不明白。

人生，没有必要太过较真，你只需把真理留在心间，又何必非要每个人都与你“心意相通”？人生于世，若是能够做到睁一只眼观心自省，闭一只眼淡看红尘是与非，就是一种很高的修行了。

其实很多时候，我们之所以感到不满足和失落，恰恰是因为我们在闭眼看自己，却将眼睛睁得大大地去看待这个世界，因而我们感到不公、感到不幸、感到别人都比我们幸运！如果我们安心享受自己的生活，不和别人计较，在生活中就会减少许多无谓的烦恼。

所以，我们不妨睁一只眼睛闭一只眼睛做人。不过，要做到这一点确实不易，这不仅需要有一定的修养，还需要有一定的雅量。

禅意人生

你今天所拥有的，得之于明白，亦将毁之于明白。有时，只需糊涂一点，一切便可顺理成章、水到渠成，为何一定要问个明白、探个究竟？其实更多时候，人更需要的是审视自我，因为了解自己总比了解别人重要得多。

难得糊涂

难得糊涂——简简单单四个字，禅意盎然。细思之，人生一世，草木一秋，几度悲欢，多少离合。非要立于明白处，心神俱伤，何苦何必！

人生需要“糊涂禅”，如佛理一般警喻自己。生活是个万花筒，一个人在复杂莫测的变幻之中，需要运用足够的智慧来权衡利弊，以防失手于人。但是，人有时候亦应以静观动，守拙若愚。这种处世的艺术其实比聪明还要胜出一筹。聪明是天赋的智慧，糊涂是后天的聪明，人贵在能集聪明与愚钝于一身，随机应变，该糊涂处且糊涂。

一位小和尚对于许多事都弄不明白，觉得自己很笨，没有别人活得清醒，便去请教禅师如何能让自己活得清醒一点。

禅师并没有非常明确地说明，却对他讲了一个庄周梦蝶的故事。

战国时期，哲学家庄周一直生活在痛苦当中，没有知己，他必须强迫自己摒除杂念，才能独自地生活下去。

一天黄昏，他实在想放松一下，便去了郊外。那里有一片广阔的草地，绿油油的草散发出芳香。他仰天躺到了上面，尽情地享受着，不知不觉就进入了梦乡。在梦中，他成了一只色彩斑斓的蝴蝶，在花草丛中尽情地飞舞着。上有蓝天白云，下有金色的大地，周围的景色也十分迷人，一切都是那么的快乐与温馨。他完全忘却了自我，整个人都被美妙的梦境所陶醉了。

梦终归有醒时，但他对于梦境与现实无法区分。过了许久，清醒了的他才发出一声感慨："庄周还是庄周，蝴蝶还是蝴蝶。"

人生梦一场，醒时梦时没什么大的区别，如果放下所有的一切，梦时反而比醒时幸福。所以，醒时也不妨让自己做做梦，活得轻松一点，糊涂一点。

老子大概是把糊涂处世艺术上升至理论高度的第一人。他自称"俗人昭昭，我独昏昏；俗人察察，我独闷闷"。而作为老子哲学核心范畴的"道"，更是那种"视之不见，听之不闻，搏之不得"的似糊涂又非糊涂、似聪明又非聪明的境界。人依于道而行，将会“大直若屈，大巧若拙，大辩若讷”，中国人向来对“智”与“愚”持辩证的观点，《列子·汤问》里愚公与智叟的故事，就是我们理解智愚的范本。庄子说：“知其愚者非大愚也，知其惑者非大惑也。”人只要知道自己愚和惑，就不算是真愚真惑。是愚是惑，各人心里明白就足够了。

孔子说：“宁武子，邦有道则知，邦无道则愚。其知可及也。”宁武子即宁俞，是春秋时期卫国的大夫，他辅佐卫文公时天下太平、政治清明。但到了卫文公的儿子卫成公执政后，国家则出现内乱，卫成公出奔陈国。宁俞则留在国内，仍是为国忠心耿耿，表面上却装出一副糊里糊涂的样子，这是明哲保身的处世方法。因为身为国家重臣，不会保身怎能治国？后来周天子出面，请诸侯霸主晋文公率师入卫，诛杀佞臣，重立卫成公，宁俞依然身居大夫之位。这是孔子对“愚”欣赏的典故，他很敬佩宁俞“邦无道则愚”的处世方法，认为一般人可以像宁俞那么聪明，但很难像宁俞那样糊涂。在古代上层社会的政治倾轧中，糊涂是官场权力较量的基本功。仅以三国时期为例，就有两场充满睿智的精彩表演：一是曹操、刘备煮酒论英雄时，刘佯装糊涂得以脱身；二是曹、司马争权时司马懿佯病巧装糊涂反杀曹爽。后人有语云：“惺惺常不足，蒙蒙作公卿。”苏东坡聪明过人，却仕途坎坷，曾赋诗慨叹：“人人都说聪明好，我被聪明误一生。但愿生儿愚且蠢，无灾无难到公卿。”

“聪明难，糊涂亦难，由聪明转入糊涂更难。放一招，退一步，当下心安，非图后来福报也”。做人过于聪明，无非想占点小便宜；遇事装糊涂，只不过吃点小亏。吃亏是福不是祸，往往有意想不到的收获。“饶人不是痴”，歪打正着，“吃小亏占大便宜”。有些人只想处处占便宜，不肯吃一点亏，总是“斤斤计较”，到后来是“机关算尽太聪明，反误了卿卿性命”。

郑板桥以个性“落拓不羁”闻于史，心地却十分善良。他曾给其堂弟写过一封信，信中说：“愚兄平生谩骂无礼，然人有一才一技之长，一行一言为美，未尝不啧啧称道。囊中数千金，随手散尽，爱人故也。”以仁者爱人之心处世，必不肯事事与人过于认真，因而“难得糊涂”确实是郑板桥襟怀坦荡无私的真实写照，并非一般人所理解的那种毫无原则稀里糊涂地做人。糊涂难，难在人私心太重，执着于自我，陡觉世界太小，眼前只有名利，不免斤斤计较。《列子》中有齐人攫金的故事，齐人被抓住时官吏问他：“市场上这么多人，你怎敢抢金子？”齐人坦言陈词：“拿金子时，看不见人，只看见金子。”可见，人性确有这种弱点，一旦迷恋私利，心中便别无他物，唯利是图，用现代人的话说就是：掉进钱眼里去了！

聪明与糊涂是人际关系范畴内必不可少的技巧和艺术。得糊涂时且糊涂，更是比聪明人还聪明的处世哲学，是一门人生的大学问。

禅意人生

大事有原则，小事可糊涂，便是有所为有所不为，以“无为”心态来应对“有为”的生活，便是大彻大悟，才最为“难得”。

明知故昧，可远是非

只要懂得装傻，就绝不是傻瓜，因为聪明才能装出糊涂。彻底成为糊涂人，要有足够的智慧。

无我的前提就是无相，不执着于任何事物，并且不执着于修炼，聪明地看清周遭的一切总会有损，不如糊涂一点，才能少惹是非，保全自己。

不过，要做到“明知故昧”，绝非易事，如果没有高度涵养，斤斤计较，是断乎不行的。古人有“骂如不闻”“看如不见”的涵养，既避免了是非，又更利于扫平成功的路障。相反，“自作聪明的先知，被上帝灭口”，可见糊涂一点才是长久之计。

秦始皇手下大将王翦一生战功赫赫。始皇十一年，王翦带兵攻打赵国的阏与，不仅破城，而且还一口气拿下了九座城邑。始皇十八年，王翦领兵攻打赵国，仅用一年多的时间就大获全胜，逼迫赵王投降。第二年，燕国派荆轲刺杀秦始皇，暴怒的始皇派王翦攻打燕国，王翦顺利攻破燕国都城蓟，燕王喜被迫逃往辽东，王翦由此深受秦始皇的信任和重用。但纵然如此，王翦行事依然谨慎非常。

一次，王翦率60万大军前去攻打楚国，秦始皇亲自到灞上相送，他斟了满满一杯酒给王翦，说：“老将军请满饮此杯，愿早日平定楚国，到时寡人亲自给将军接风洗尘。”

王翦谢过始皇，将酒一饮而尽，说："陛下，战场之上，刀剑无情，老臣临行前有一个请求，不知当说不当说？"

秦始皇说："老将军但说无妨。"

王翦就向秦始皇请求赏赐良田宅园，始皇笑道："老将军是怕穷啊？寡人做君王，还担心没有你的荣华富贵？"

王翦说："做皇上的将军，能人太多了，有功最终也得不到封侯，所以皇上今天特别赏赐我临别酒饭，我也要趁此机会请求皇上的恩赐，这样我的后代子孙就不愁没有家业了。"

秦始皇听了哈哈大笑。

王翦到了潼关，又派使者回朝请求良田赏赐，一连五次。秦始皇身边的人都担心他会发怒，但是秦始皇神色未变，反而看上去有些喜色。

王翦的心腹对他说："将军这样做会不会太过分了？哪有这样朝君主要田要地的？难道不怕皇帝怪罪吗？"

王翦说："不，皇上为人狡诈，不轻信别人。现在他把全国的军队都交到了我手上，心里一定有所顾忌。我多请求田产作为子孙的基业，让他以为我是个贪图钱财的人，而不是贪图王位权势，那他就不会对我有所猜忌了。"

王翦识人精到，而做人的策略更是圆融柔婉，能在猜忌心很重的秦始皇手下得到重用数十年，真的不是件容易的事啊。

自古以来，为人臣子的对于君王来说就像一把双刃剑，用得好了是杀敌防身的利器，用得不好了就是夺权篡位的逆贼。所以当君主的对于战功、军权过大的臣子都免不了猜忌，有时候也难免要杀死有功之臣以防他谋位篡权。

汉朝萧何的功劳很大，有个门客就对他说："满朝之中您的功劳最大，已经没有什么封赏配得上您了。而且您还得到百姓们的拥护，现在皇帝在外打仗，还几次问起您在做什么，他这是怕您谋反啊。"萧何深以为然，他就按照门客的计策，多买田产多置房宅，还做了一些损害自己声誉的事情。等汉高祖回来时，看到百姓拦路控告萧何，反而十分高兴。

王翦、萧何的做法有着异曲同工之妙，他们采用的是韬晦的办法，用糊涂来应付君主的猜忌，从而保住自己的身家性命。谨慎一些，将自己伪装的笨拙一些，你就能躲过很多不必要的伤害，将更多精力投入到创造生活中去。

一个人若懂得了糊涂的学问，就会知道自己的意见并不总是那么绝对，就能更虚心地对待不同意见。泰山不让寸土而成其大，江河不择细流而就其深。懂得了糊涂的学问，就知道了自己能力的局限，你所不能驾驭的就不要忙于去驾驭；你所不能把握的，就不会急于去把握；你所不能强求的，就不会勉强。而是将自己的精力更专注地投入一个有限的范围，做你擅做的事，精益求精，成为某一行业的行家里手。懂得了糊涂的学问，你就知道了对宠辱誉毁的看法不能那么绝对，对功名利禄、荣华富贵不能看得很重。这不但增强了耐受挫折的韧性，又能养成心如止水、宠辱不惊的持重。

禅意人生

福祸的初始如果可以被觉察到，那么我们就可以提前预防，并在危险没有形成的时候就避开它，不过这是需要大智慧的。通常，人们在危险的萌芽阶段，往往浑然不知，而在危险来临时，则束手无策，大受其害。倘若我们平日能多留点心眼，谨慎处世，小心做人，敏感地觉察到事物的变化，那就可以将灾祸化于无形了。

看破不说破

这世间事，愚昧之人看不懂，聪明之人看得破。看破不说破才是大聪明、真高明；看破又说破的便是假精明、太愚蠢。

佛说："看破，放下！"但又有多少人看破以后放不下呢？其实，"你看破世界，是你的本事，但是你何必把世界都点破呢？"这世界上聪明之人比比皆是，一件触犯忌讳的事，很多人或许都已经看破，但大家就是憋着不说，专等着那些急于显摆自己智商的人去揭破，然后笑着看着他们成为炮灰——不费吹灰之力就除去了一个竞争对手，何乐而不为呢？

所以说，我们做人时刻都要留点心眼，你固然聪明，但也不要太过彰显，这样做除了能满足你那无谓的虚荣心，还能代表什么呢？相反，它会使你成为那根"出头的椽子"、那只"被枪打落的出头鸟"。退一步说，即便是在不掺杂任何竞争因素的朋友交往中，倘若你太不知分寸，凡事都要点个明明白白，也一定不会受到欢迎。因为你在彰显聪明的同时，已然无形中贬低了朋友的智商，谁又会对此无动于衷呢？

某女士新近购置一所住房，装修时托付室内设计师为自己的卧室装饰了一些窗帘。然而，等到账单送来时，她不禁瞠目结舌——太贵了，但既然已经买了，就是心疼也没有办法。

几天以后，她的一位朋友前来造访，她们来到卧室，朋友很快就被那幅窗帘吸引了："哦，它真的很漂亮不是吗？你花了多少钱？"但当她说出价钱时，朋友的脸上不禁呈现出怒色："什么？你被骗了！他们太过分了！"

诚然，朋友说的是实话，但又有谁喜欢别人轻视自己的判断力呢？于是，房主开始为自己辩护，她告诉朋友：一分钱一分货，斤斤计较的人永远不可能买到既有品位而质量又高的东西。接着，二人你一言我一语，展开了唇枪舌战，最终不欢而散。

又过几天，另一位朋友也来参观新居，与上位朋友不同，她一直对那些窗帘赞赏有加，并有些失落地表示，希望自己也能买得起这种精美的窗帘。听到这番话，房子的主人坦言，其实自己也不想买这么贵的窗帘，确实有些负担不起，现在有些后悔自己所托非人了。

人在犯错时，也许会对自己承认，但如果被人直言不讳地指出来，则往往很难接受，甚至会为维护自己的尊严而展开反击。试想，如若有人硬将鱼刺塞进你的咽喉，你会作何反应？话，有时不必说得太明白，即使事实摆在那里，也不该由你去揭破，让自己含糊一点，没有人会怀疑你的智商。事实上，如果换一种方式去渗透，反而会收到更好的效果。

这天早上，陈明明来到了总经理办公室。

“总经理，昨天交给您的文件，您签好了吗？”

总经理眯着眼睛想了想，随后又翻箱倒柜地找了一遍，最后很无奈地摊开双手：

“不好意思，我从没见过你交上来的文件。”

倘若是在两年前，倘若是刚刚毕业那会儿，她一定会据理力争：“总经理，我明明将文件交给了您，而且亲眼看着您的秘书将它摆在了办公桌上，是不是您将它当做废纸丢掉了？”

但是现在，在吃过几次亏以后，她变得聪明了，现在的她绝不会这样做。只听她平静地说道：“那有可能是我记错了，我再回去找一下吧。”

陈明明回去以后，并没有去找什么文件，而是直接将文件原稿从电脑中调出，重新打印了一份。当她再次将文件放到总经理面前时，对方只是象征性地扫了一眼，便爽快地签了字。

其实，总经理心里非常清楚文件的去向……

有些时候，谁是谁非并不重要。人在矮檐下，争辩又有何用呢？反而有可能会因此断送了自己的前程。装装糊涂，找个台阶给对方下，也许你会得到意想不到的收获。对于职场中人而言，上司就是主宰你前途的那个人，与他们相处，我们没有必要太过较真。正所谓“人在屋檐下，怎能不低头”，在一些小事上你留给他足够的面子，他自然会心知肚明，那么在将来的某些“大事”上，他也一定会给予你相应的关照。

其实，这世间本无绝对的对与错，更无绝对的公平，有时候要想活得更好，就必须要适当地让自己糊涂一下，“委屈”一下。

看破而不去说破，人与人之间便会相安无事，社会便会更加和谐，这是多好的氛围啊。

看破是你精明，但不说破才是真智慧。话吐到嘴边留半句，这只能说是半成熟，话到嘴边咽回去，这才称得上是真成熟。古往今来，喜欢事事说破的人多是受排斥的，亦如屈原和海瑞。能看透这一点，你才会从冒失走向成熟，并慢慢变得高明起来。

禅意人生

世事复杂，说破不值半文钱，反而不说破才是难得。所谓“观棋不语真君子”，即便当局者迷，也不容你这旁观者去多嘴。说破对当局者而言是一种触犯和不敬，焉能不遭到谴责?

老少糊涂，相安无事

一段婚姻，两个家庭文化的冲突，婆媳矛盾应势而生。倘若彼此不能开释，非要论个是非曲直，即便断定对错，那么亦无意义，因为，家庭的和谐被划上了伤疤。

前生的五百次回眸，才修得今生的擦肩而过。人与人相遇就是业缘，婆与媳无疑更是有缘之人，这种关系理当倍加珍惜。然而现实是，国内的婆媳关系是家庭中最难处理的关系，婆媳矛盾则是一个令清官也为之发愁的难题。在婆媳矛盾的背后，隐伏着母子之爱和夫妻之爱的竞争，这种竞争往往是无意识的竞争，事实上却是婆媳矛盾激化的一个很重要的因素。

父母为了把子女抚育成人，付出了大量的心血，倾注了大量的爱。一般说来，到成家之前，儿子总是把母亲视为自己最亲的亲人。但是，一旦儿子结了婚，组建了自己的家庭，开始感受到夫妻之爱，这时，母子之爱便自然而然地降至次要的地位，儿子新家庭的利益不可避免地放到了他原来家庭的利益之前；而且，儿子在生活中遇到了什么问题，首先关心他的总是媳妇，而儿子也总是把生活中的酸甜苦辣更多地、更主动地向媳妇倾吐，把媳妇视为“第一参谋”。这时，做母亲的便会感到感情上受到了冷落，加上儿子成家以后同自己的接触较以前大为减少，做母亲的如果不体谅，便会埋怨儿子“娶了媳妇忘了娘”，而把一肚子的怨气一股脑儿全倾泻在媳妇身上。因此，做母亲的要有“宰相肚里能撑船”的气度，看到儿子和媳妇相亲相爱、齐心持家，应该为之感到高兴，切不可妄生被冷落之感和疑忌之心。

纪晓光在一次和婆婆发生冲突以后，跑到表妹宋女士家诉苦。当时，宋女士正好有篇稿子要写，无暇陪她。纪晓光就和宋女士的婆婆闲聊起来。

纪晓光无奈地说，她婆婆不讲卫生，做菜无味，整天唠叨，让人生厌。宋女士的婆婆打断了她的话：“你该向这个‘糊涂’妹妹学学，她不嫌我这个乡下老太婆，我在这里一住就是几年。我炒的菜明明盐放多了，可她还说好吃！前天刚给我 100 元零花钱，今天早上又问我还有没有零钱用。”

宋女士的婆婆一边说，一边呵呵笑起来……

午饭后，宋女士打开洗衣机准备洗衣裳，却找不到早晨刚刚换下的衣服。“妈，看见我的衣裳了吗？”

宋女士的婆婆却一拍脑门，笑着说：“瞧我这老糊涂，刚才一不留神把你的衣服给洗了。”

纪晓光看着表妹婆媳之间融洽的样子，愣了一下神，好像若有所悟地点点头。当晚，纪晓光深情地告诉宋女士：“以前我总羡慕你有好婆婆，现在终于明白了，你们之间的糊涂可真难得啊！不计较小是小非，什么事都好办了！我以后真得好好向你学习。”

此后，纪晓光也当起了“糊涂”媳妇。令人欣慰的是，不久以后，她婆婆也被“传染”了，也跟她一起“糊涂”起来。以后，她们家再也看不见“硝烟”了。

自古以来婆媳相处一直就是家庭中的一大敏感问题，相处得来一切 OK，要是相处得不好，婆媳过招 100 回的戏就会常在家中上演。不过，尽管婆媳矛盾是一个古今中外令许多家庭头痛的难题，但只要当事者本着互相信任、互相尊重、互相爱护、互相关心、互相宽容忍让的态度，加上家庭其他成员齐心协力促使其向良性的方面转化，婆婆与媳妇之间一定会产生出真诚的爱，一定能够和睦相处。

都说不是一家人，不进一家门，既然进了一家门，那就是百世修来的缘分。人生不过数十载，于老人而言，幸福的日子更是过一天少一天，婆媳之间何必争得面红耳赤，闹得鸡犬不宁，令你们的儿子、丈夫身居其中左右为难。做婆婆的应老有持重，多装装糊涂，谅解儿媳的“不懂事”；做儿媳的应本着尊老敬老的基本操守，能体谅的多体谅，能忍让的多忍让。这样，不但你们过得开心，你们的儿子、丈夫也少了很多为难之时，才能毫无后顾之忧地为这个家尽心尽力。

对于老年人而言，如何处理好家庭关系，具体说处理好与后辈的关系，更是一个重要而敏感的问题。它不仅关系到家庭和睦，而且影响到老人身心健康。当然，儿女应当孝顺、孝敬，尽量让老人满意。不过，作为老年人一方，自己应有一个正确的认识和态度，讲究点相处的方法和“艺术”，也是十分重要的。在必要的时候不妨装装糊涂，这是很明智的。

禅意人生

古人云，不痴不聋，不做阿姑阿翁。意思是说，作为家中的父母或公婆，对儿子媳妇、女儿女婿的若干私事，应当少问少管，睁一只眼闭一只眼，经常装装糊涂，家中自会少生许多矛盾，当长辈的也就减少许多烦恼。换位思考一下，做晚辈的，也应该宽容大度一点，不能什么事情都较真，只有从心眼里爱他们、敬他们才能婆媳关系融洽。

第七辑
放下情执，你才能得自在

五百年前结缘来，前生注定非今日。莫愁苦，莫偏执，随缘而安心自宽！世间的万事万物，一切皆由因缘而定，缘来则聚，缘尽则散。而执着是苦，一切应随缘。

缘如风，风不定

缘分这东西冥冥中自有注定，不要执着于此，进而伤害自己。但无论什么时候，我们都不要绝望，不要放弃自己对真、善、美的爱情追求。

缘分，也常写作缘份，是人与人之间一种无形的连结，是前世注定的今世相遇的机会和可能。如果人与人在社会网中建立起一种亲密的关系，这就是有缘。譬如夫妻、父子，便是前世修来的缘，而与陌路人则是没缘的。没缘的时候，强求也无用。

有人问隐士，什么是缘。隐士想了一会儿说："缘是命，命是缘。"这人听得有些糊涂，于是去问高僧。高僧说："缘是前生的修炼。"这人还是不解，又去问佛祖。佛祖不语，以手指向天边云。这人顺势看去，只见云起云落，随风飘散，于是顿悟：缘是不可求的，缘如风，风不定。云聚是缘，云散也是缘。

爱情亦如是，全仗缘分，缘来则聚，缘去则散，不一定非要追究谁对谁错，爱与不爱又有谁能够说得清楚？当爱来时，我们只管尽情去爱，当爱走时，就潇洒地挥一挥手吧！人生短短数十载，命运把握在自己手中，没必要在乎得与失，拥有与放弃，热恋与分离。失恋之后，如果能把诅咒与怨恨都放下，就会懂得真正的爱。

传说从前有个书生，和未婚妻约定在某年某月某日结婚。然而到了那一天，未婚妻却嫁给了别人。书生大受打击，从此一病不起。家人用尽各种办法都无能为力，眼看即将不久于人世。这时，一位游方僧人路过此地，得知情况以后，遂决定点化一下他。僧人来到书生床前，从怀中摸出一面镜子叫书生看。

镜中是这样一幅情景：茫茫大海边，一名遇害女子一丝不挂地躺在海滩上。有一人路过，只是看了一眼，摇摇头，便走了……又一人路过，将外衣脱下，盖在女尸身上，也走了……第三人路过，他走上前去，挖了个坑，小心翼翼地将尸体掩埋了……疑惑间，画面切换，书生看到自己的未婚妻，洞房花烛夜，她正被丈夫掀起盖头……书生不明所以。

僧人解释道："那具海滩上的女尸就是你未婚妻的前世。你是第二个路过的人，曾给过她一件衣服。她今生和你相恋，只为还你一个情。但是她最终要报答一生一世的人，是最后那个把她掩埋的人，那人就是她现在的丈夫。"

书生大悟，立即从床上坐起，病愈！

是你的就是你的，不是你的就不要强求，过分的执着伤人且又伤己。

倘若我们将人生比作一棵枝繁叶茂的大树，那么爱情仅仅是树上的一枚果子，爱情受到了挫折、遭受到了一次失败，并不等于人生奋斗全部失败。世界上有很多在爱情生活方面不幸的人，却成了千古不朽的伟人。因此，对失恋者来说，对待爱情要学会放弃，毕竟一段过去不能代表永远，一次爱情不能代表永生。

其实，若是你没有能力给她（他）幸福，那么放手于你于她

（他）而言，或许才是最好的选择；若是她（他）爱慕虚荣，因名、因利离你而去，你是不是更该感到庆幸呢？

聚散随缘，去除执着心，让一切恩怨在岁月的流逝中淡去。那些深刻的记忆终会被时间的脚步踏平，过去的就让它过去好了，未来的才是我们该企盼的。

缘聚缘散总无强求之理。世间人，分分合合，合合分分谁能预料？该走的还是会走，该留的还是会留。一切随缘吧！

禅意人生

爱情中，聚聚散散、离离合合是一个很正常的事，一如四季交替，阴晴雨雪。一段爱情未必就是一个完整的故事，故事发生了也未必就会是一个完美的结局。对于爱情，我们不要将它视为不变的约定，曾经的海誓山盟谁又能保证它不会成为昔日的风景？

宿孽总因缘

是你的总是你的，无需强求；不是你的便不是你的，求也无用。宿孽总因缘，已得是缘，未得亦是缘。

在这尘世间，缘分是男女情感的开端，从素未谋面到一见钟情，让人感觉似乎冥冥中自有注定，如琴弦一拨，直荡心扉。只一个“缘”字，便让世间多少男女为之若痴若狂。但有些残酷的是，有时有“缘”却未必有“分”，这种情况最断人魂。

从前，有一座圆音寺，每天都有许多人上香拜佛，香火很旺。在圆音寺庙前的横梁上有个蜘蛛结了张网，由于每天都受到香火和虔诚的祭拜的熏陶，蜘蛛便有了佛性。经过了一千多年的修炼，蜘蛛佛性增加了不少。

忽然有一天，佛祖光临了圆音寺，看见这里香火甚旺，十分高兴。离开寺庙的时候，不经意间抬头看见了横梁上的蜘蛛。佛祖停下来，问这只蜘蛛：“你我相见总算是有缘，我来问你个问题，看你修炼了这一千多年来，有什么真知灼见。怎么样?”蜘蛛遇见佛祖很是高兴，连忙答应了。佛祖问道：“世间什么才是最珍贵的?”蜘蛛想了想，回答道：“世间最珍贵的是‘得不到’和‘已失去’。”佛祖点了点头，离开了。

就这样又过了1000年的光景，蜘蛛依旧在圆音寺的横梁上修炼，它的佛性大增。一日，佛祖又来到寺前，对蜘蛛说道：“你可还好，1000年前的那个问题，你可有什么更深的认识吗?”蜘蛛说：“我觉得世间最珍贵的是‘得不到’和‘已失去’。”佛祖说：“你再好好想想，我会再来找你的。”

又过了1000年，有一天，刮起了大风，风将一滴甘露吹到了蜘蛛网上。蜘蛛望着甘露，见它晶莹透亮，很漂亮，顿生喜爱之意。蜘蛛每天看着甘露很开心，它觉得这是3000年来最开心的几天。突然，又刮起了一阵大风，将甘露吹走了。蜘蛛一下子觉得失去了什么，感到很寂寞和难过。这时佛祖又来了，问蜘蛛：“蜘蛛，这1000年，你可好好想过这个问题：世间什么才是最珍贵的？”蜘蛛想到了甘露，对佛祖说：“世间最珍贵的是‘得不到’和‘已失去’。”

佛祖说：“好，既然你有这样的认识，我让你到人间走一遭吧。”

就这样，蜘蛛投胎到了一个官宦家庭，成了一个富家小姐，父母为她取了个名字叫蛛儿。一晃，蛛儿到了16岁了，已经成了个婀娜多姿的少女，长得十分漂亮，楚楚动人。

这一日，新科状元郎甘鹿中第，皇帝决定在后花园为他举行庆功宴席。席间来了许多妙龄少女，包括蛛儿，还有皇帝的小公主长风公主。状元郎在席间表演诗词歌赋，大献才艺，在场的少女无一不为他倾倒。但蛛儿一点也不紧张和吃醋，因为她知道，这是佛祖赐予她的姻缘。过了些日子，说来很巧，蛛儿陪同母亲上香拜佛的时候，正好甘鹿也陪同母亲而来。上完香拜过佛，二位长者在一边说上了话。蛛儿和甘鹿便来到走廊上聊天，蛛儿很开心，终于可以和喜欢的人在一起了，但是甘鹿并没有表现出对她的喜爱。蛛儿对甘鹿说：“你难道不曾记得16年前，圆音寺的蜘蛛网上的事情了吗？”甘鹿很诧异，说：“蛛儿姑娘，你漂亮，也很讨人喜欢，但你想象力未免丰富了一点吧。”说罢，和母亲离开了。

蛛儿回到家，心想：“佛祖既然安排了这场姻缘，为何不让他记得那件事？甘鹿为何对我没有一点感觉？”

几天后，皇帝下诏，命新科状元甘鹿和长风公主完婚；蛛儿和太子芝草完婚。这一消息对蛛儿如同晴空霹雳，她怎么也想不通，佛祖竟然这样对她。几日来，她不吃不喝，穷究急思，灵魂就将出壳，生命危在旦夕。太子芝草知道了，急忙赶来，扑倒在床边，对奄奄一息的蛛儿说道："那日，在后花园众姑娘中，我对你一见钟情，我苦求父皇，他才答应。如果你死了，那么我也就不活了。"说着就拿起了宝剑准备自刎。

就在这时，佛祖来了，他对快要出壳的蛛儿灵魂说："蜘蛛，你可曾想过，甘露（甘鹿）是由谁带到你这里来的呢？是风（长风公主）带来的，最后也是风将它带走的。甘鹿是属于长风公主的，他对你不过是生命中的一段插曲。而太子芝草是当年圆音寺门前的一棵小草，它看了你3000年，爱慕了你3000年，但你却从没有低下头看过它。蜘蛛，我再来问你，世间什么才是最珍贵的？"蜘蛛听了这些真相之后，好像一下子大彻大悟了，她对佛祖说："世间最珍贵的不是'得不到'和'已失去'，而是现在能把握的幸福。"刚说完，佛祖就离开了，蛛儿的灵魂也回位了，睁开眼睛，看到正要自刎的太子芝草，她马上打落宝剑，和太子紧紧地抱在一起……

人与人的缘分，如浮云、如浮萍，时而聚合，时而分离。分分离离、聚聚合合，谁能主宰？有些人看得开、放得下，遂而听天由命，一切随缘，失去了有缘无分的爱情，得到的却是寻找归宿的机会。有些人看不开、放不下，于是肝肠寸断，无法自拔，没了这段爱，也无心去寻找真正属于自己的缘分，因而错过了上苍为他安排的美好，郁郁一生。

其实，强扭的瓜不甜，有缘无分的那个人即使勉强得到了，你们也未必幸福。所以，任何人在选择自己的爱人时都应该仔细想想，不要苛求那份本不该属于你的感情。现实是残酷的，一旦让感情错位，你所得到的结果就只会是苦涩。

从古至今，无数的女人在等待中度日如年，憔悴红颜。女人执着地等待，是以为自己没有错，以为心诚能使铁树开花。然而在男女的特定关系中，最难用是非对错来衡量，更多的却是心智、策略和手段的较量与契合，有时等待是合理的，有时等待就是一种浪费，比如爱上有夫之妇或者有妇之夫，这样的等待，时间越长，伤害就越大。在婚外恋中，当事人并非不知什么是应该做的，什么是不应该做的，其实他们心中是雪亮的，只是有时是身不由己，有时是故意与自己过不去。

三千红尘，茫茫人海，很多事可以去求，唯缘分难求。试问这世间有几人认为自己找到了最完美的归属，又有几人能真正从一而终，从不怀疑自己的缘分？又或者，有多少人在错误的时间、错误的地点，遇上了自己认为是对的那个人？其实是你的就是你的，不是你的就不要贪求，一切随缘吧！

禅意人生

在对的时间遇到对的人，得到的将是一生的幸福；在错误的时间里遇到错误的人，换回的可能就是一段心伤。在感情的故事里，有些人你永远不必等，因为等到最后受伤的只会是自己。

爱如云，变化万端

爱情亦如云，变化万端，云聚时汹涌澎湃，云散时落寞舒缓。人生中的分分合合宛若云聚云散，缘分便是可遇不可求的风。

缘分本是天定，强求也无用。其实，缘起缘灭、缘聚缘散，都是宿命，根本无需其他的理由。缘分起于宿命，又流逝于宿命，命运的多变的确让我们感到无所适从。

曾几何时，她与你心心相印、海誓山盟，约定白头到老、相携相扶，然而，随着空间的阻隔、时间的流逝，那份你侬我侬的“缘”逐渐淡而无味，乃至随风散去。宿命就是如此，情缘未必随人愿，并非每个人都能拥有缘，亦不可能每份缘都能被牢牢抓在手中。尘世间的聚聚散散、分分合合，在生活中演绎出多少悲悲喜喜、恩恩怨怨。有时有缘无分，君住长江头，我住长江尾，日日思君不见君；有时有情无缘，执手相看泪眼，竟无语凝噎。凡此种种，皆是人世间的大痛，可谁能料定，谁又能改变？

人生本来就有太多的未知，若无缘，或许只是一个念头、一次决定，便可了断一份情、丧失一份爱。一见钟情是为缘，分道扬镳也是为了缘，宿命如此，人生亦如此。爱情是变化的，任凭再牢固的爱情，也不会静如止水，爱情不是人生中一个凝固的点，而是一条流动的河。所以，并不是有情人都能成眷属，亦不可说每个美丽的开始都会有美满的结局。你叹也好、恼也罢，事实就是如此，本无道理可言。也正因如此，人世间才会出现那么多的不甘与苦痛。

宁浩和曹菲，是华南某名牌大学的高材生。他们俩既是同班同学，又是同乡，所以很自然地成了形影不离的一对恋人。

一天宁浩对曹菲说："你像仲夏夜的月亮，照耀着我梦幻般的诗意，使我有如置身天堂。"曹菲也满怀深情地说："你像春天里的阳光，催生了我蛰伏的激情。我仿佛重获新生。"两个坠入爱河的青年人就这样沉浸在爱的海洋中，并约定等宁浩拿到博士学位就结成秦晋之好。

半年后，宁浩负笈远洋到国外深造。多少个异乡的夜晚，他怀着尚未启封的爱情，像守着等待破土的新绿。他虔诚地苦读，并以对爱的期待时时激励着自己的锐志。几年后，宁浩终于以优异的成绩获得博士学位，处于兴奋状态的他并未感到信中的曹菲有些许变化。学业期满，他恨不得身长翅膀脚生云，立刻就飞到曹菲身边。然而他哪里知道，昔日的女友早已和别人搭上了爱的航班。宁浩找到曹菲后质问她，曹菲却真诚地说："我对你已无往日的情感了，难道必须延续这无望的情缘吗？如果非要延续的话，你我只能更痛苦。"宁浩只好退到别人的爱情背面，默默地舔舐着自己不见刀痕的伤口。

或许我们会站在道义的立场上，为品德高贵、一诺千金的宁浩表示惋惜，但我们又能就此来指责曹菲什么呢？怪只能怪爱本身就具有一定的可变性。

爱过之后才知爱情本无对与错、是与非，快乐与悲伤会携手和你同行，直至你的生命结束！世上千般情，唯有爱最难说得清。

是的，只要真心爱过，分离对于每个人而言都是痛苦的。不同的是，聪明的人会透过痛苦看本质，从痛苦中挣脱出来，笑对新的生活；愚蠢的人则一直沉溺在痛苦之中，抱着回忆过日子，从此再不见笑容……

不过，千万不要憎恨你曾深爱过的人，或许这就是宿命，或许他（她）还没有准备好与你牵手，或许他（她）还不够成熟，或许他（她）有你所不知道的原因。不管是什么，都别太在意，别伤了自己。你应该意识到，如此优秀的你，离开他（她）一样可以生活得很好。你甚至应该感谢他（她），感谢他（她）让你对爱情有了进一步的了解，感谢他（她）让你在爱情面前变得更加成熟，感谢他（她）给了你一次重新选择的机会，他（她）的离去，或许正预示着你将迎接一个更美丽的未来。

禅意人生

爱情面前，不要轻易说放弃，但放弃了，就不要再介怀。经不起考验的爱情是不深刻的。唯有经得起考验的爱情，才值得你去珍惜，才会使你的人生更丰富多彩。

情尽时，不哭

情尽时，自有另一番新境界，所有的悲哀也不过是历史。情尽时，转个弯你还能飞，别为谁彻底折断了羽翼。

是不是每一份感情都值得你为之哭泣？是不是曾经在一起的每一个人都值得你去留恋？

有个女孩失恋了，哭哭啼啼去见佛。

佛问她："孩子，你哭什么？"

女孩说："我失恋了，他爱上了别人！"

佛问："那你爱他吗？"

女孩说："爱，非常爱！"

佛又问："那他爱你吗？"

女孩很无奈："现在不爱了……"

佛说："那么，该哭的人是他，因为他失去了一个爱他的人，而你不过失去了一个不爱你的人！"

当你将整颗心交给一个人，你会希望这世界只剩下你和他（她）二人，因为爱情的世界里，从不欢迎第三者。只可惜，宿命这东西恕难预料，没有人知道你们的未来通向哪里，或许走着走着，他（她）就牵上了别人的手。

倘若有一天，他（她）不再爱你，你该怎么办？请不要为他（她）哭泣，因为你不过是失去了一个不再爱你的人。放下心中的纠结你会发现，原本我们以为不可失去的人，其实并不是不可失去。你今天流干了眼泪，明天自会有人来逗你欢笑。你为他（她）伤心欲绝，他（她）却可能在与新人调笑取乐，对于一个已不爱你的人，你为他（她）百般痛苦可否值得？

你应该这样想：离开你是他（她）的损失！你只是失去了一个不爱你的人，离开一个不爱你的人，难道你真的就活不下去吗？不，这个世界上没有谁离不开谁，离开他（她）你一样可以活得很精彩。请相信缘分，不久的将来，你一定可以找到一个比他（她）更好、更懂得珍惜你的人。爱情面前，心放宽一点，与其怀念过去，还不如好好地把握将来，要相信缘分，未来你可能会遇到比他（她）更好的，更懂得珍惜你的人！

有些事，有些人，或许只能够作为回忆，永远不能够成为将来！感情的事该放下就放下，你要不停地告诉自己——离开你，是他（她）的损失！

杨欣一直困扰在一段剪不断、理还乱的感情里出不来。

杜晓磊的态度总是若即若离，其人也像神龙一样，见首不见尾。杨欣想打电话给他，可是又怕接的人会是他的女朋友，会因此给他造成麻烦。杨欣不想失去他，可是老是这样有时自己也会觉得自己很无奈，她常常问自己："我真的离不开他吗？""是的，我不能忘记他，即使只做地下的情人也好。只要能看到他，只要他还爱我就好。"她回答自己。

但是该来的还是会来。周一的下午，在咖啡屋里，他们又见面了。杜晓磊把咖啡搅来搅去，一副心事重重的样子。杨欣一直很安静地坐在对面看着他，她的眼神很纯净。咖啡早已冰凉，可是谁都没有喝一口。

他抬起头，勉强笑了笑，问："你为什么不说话？"

"我在等你说。"杨欣淡淡地说。

"我想说对不起，我们还是分开吧。"他艰涩地说，"你知道，我这次的升职对我来说很重要，而她父亲一直暗示我，只要我们近期结婚，经理的位子就是我的，所以……"

"知道了。"杨欣心里也为自己的平静感到吃惊。

他看着她的反应，先是迷惑，接着仿佛恍然大悟了，忙试着安慰说："其实，在我心里，你才是我的最爱。"

杨欣还是淡淡地笑了一下，转身离开。

一个人走在春日的阳光下，空气中到处是春天的味道，有柳树的清香，小草的芬芳。杨欣想："世界如此美好，可是我却失恋了。"这时，那一种刺痛突然在心底弥漫。杨欣有种想流泪的感觉，她仰起头，不让泪水夺眶而出。

走累了，杨欣坐在街心花园的长椅上。旁边有一对母女，小女孩眼睛大大的，小脸红扑扑的。她们的对话吸引了杨欣。

"妈妈，你说友情重要还是半块橡皮重要？"

"当然是友情重要了。"

"那为什么乐乐为了想要妞妞的半块橡皮，就答应她以后不再和我做好朋友了呢？"

"哦，是这样啊。难怪你最近不高兴。孩子，你应该这样想，如果她是真心和你做朋友就不会为任何东西放弃友谊，如果她会轻易放弃友谊，那这种友情也就没有什么值得珍惜的了。”母亲轻轻地说。

“孩子，知道什么样的花能引来蜜蜂和蝴蝶吗？”

“知道，是很美丽很香的花。”

“对了，人也一样，你只要加强自身的修养，又博学多才。当你像一朵很美的花时，就会吸引到很多人和你做朋友。所以，放弃你是她的损失，不是你的。”

“是啊，为了升职放弃的爱情也没有什么值得留恋的。如果我是美丽的花，放弃我是他的损失。”杨欣的心情突然开朗起来了。

若是一个人为虚荣放弃你们之间的感情，你是不是应该感到庆幸呢？很显然，这样的人不值得你去爱。

大量的事实告诉我们，对待感情不可过于执着，否则伤害的只能是自己。

在爱情面前，没有谁是强者，一段感情的终结，受伤最深、痛苦最久的当然是被弃者。不过，既然他（她）不懂珍惜你，那你又何必去牵挂他（她）？做人，失去了感情，但一定要保留尊严，即便你当初爱得很深，也要干脆一点。让他（她）知道，离开他（她）你一样可以活得很好，让他（她）知道，离开你是他（她）的损失！

其实，对方离开你，并不意味着你没有魅力了。你真正的魅力取决于你的生命层次。如果你的生命层次很高，即使对方离开了你，也只能说明他（她）的生命层次很低，他（她）不懂得欣赏你。如此看来，你虽然失去了一棵树，但很有可能会得到一片森林。

禅意人生

爱情是两个原本不同的个体相互了解、相互认知、相互磨合的过程。磨合得好，自然是恩爱一生，磨合得不好，便免不了要劳燕分飞。当一段爱情画上句号，不要因为彼此习惯而离不开，抬头看看，云彩依然那般美丽，生活依旧那般美好。其实，除了爱情，还有很多东西值得我们为之奋斗。

女人，莫为爱迷失

女人每天都要活出新鲜！纵然岁月更移，但生活生动依然；纵然容颜褪色，但心永远年轻；纵然爱情不在，我们还有自己，一切还可以重来！

渴望的太多，就会生出许多的烦恼。其实，生活并不需要这些无谓的执着，没有什么绝对割舍不了的，在生命里，也没有什么失去了就活不了的，爱情不外如是。你要想生活得轻松，就得学会放弃，拿得起，放得下，才能不为执着所苦。因为有选择就有放弃，学会放弃有时是一种解脱。

然而，话虽如此，但身逢其时，我们却往往是拿得起容易，放下手却很难。可是，如果你总是背负着它们，最终便有可能累死在路上。生活原本是非常纯朴、简单的，学会舍弃自己不特别需要、对人生益处不大的东西，学会放手，保持一颗简单和明朗的心，你会觉得其实生活真的很美好。

人正因为不懂得舍弃才会有许多痛苦。当自己有了舍弃和清理自己的智慧时，就会豁然开朗，生命会马上向你展现出另外一个截然不同的景致。

雅茹因为她爱的人娶了别人而一病不起，家人用尽各种办法都无济于事。眼看她一天天地消瘦下去，家人、朋友真是看在眼里，急在心里。

后来，她的妈妈便带她去看了心理医生。心理医生很快便找到了病情的症结，于是耐心开导她说："其实喜欢一个人，并不一定要和他在一起，虽然有人常说'不在乎天长地久，只在乎曾经拥有'，但是并不是所有拥有的人都感觉到快乐。喜欢一个人，最重要的是让他快乐，如果你和他在一起他不快乐，那么就勇敢地放手吧！"

的确如此，喜欢一个人，就要让他快乐、让他幸福，使那份感情更诚挚。在心理医生的耐心开导下，雅茹变得开朗了，也不再郁郁寡欢，而她的病也一下子就没有了。

有些女孩常如此抱怨："我很爱我的男朋友，为了他我愿意放弃任何东西，他喜欢的我都会去做，他不喜欢的我就不去做。我对他简直是好得不能再好，可他不是很爱我。我也觉得这样太没自我了，可是我真的无法想象我离开他的日子，我觉得我会死的。我总想有一天他也会很爱我的。"

这就是女人，常常为了爱情而把自己完全忽略。

电视剧《中国式离婚》，看过后使人感受颇深。剧情是以三个家庭为主线，尤其是女人的生存状态问题，主题深刻，结局耐人寻味；但作为女性，看后总是有一种无以言表的沉重感。

剧中将一个中国式妻子——林小枫推到众人面前，引起了更多人对婚姻的反思，对妇女自身价值、社会角色以及人生坐标的反思。在古代，婚姻是女人一生的赌博，她们将全部的希望寄托在丈夫有没有出息上，盼望着有朝一日“夫贵妻荣”。即使在妇女独立的今天，不少妇女仍然愿意将全部的爱与幸福寄托在丈夫身上时，往往换来的是失望。帮助男人成功并没有错，错就错在放弃了完善自我。没有一个良好的自我，只靠男人活着，永远是女人的悲哀。只有不断完善自我，与丈夫比翼齐飞，一同进步，一同成功，才会有良好的心态与丈夫相处。女性只有不断完善自我，才能把握自己、实现自我，并得到他人的承认和尊重。

当女性因婚姻迷失自我时，她就放弃了得到认可和尊重的权利。剧中结尾，林小枫终于清醒地意识到：经营婚姻和爱情，就像手中抓住的沙子，握得越牢，越容易流失。就像她经营的这个家一样，她是那么在意这个家、在意丈夫，甚而舍弃自己心爱的工作，竭尽全力想抓牢这个家、抓牢自己的丈夫，但终究失败了。女性把自己的未来寄托在别人身上，舍弃了自尊、自我价值，幸福生活就没有保障。

女人的天空原本是明丽湛蓝的，不应该生活在泪雨纷飞和愤怒失衡的心态下，更不能放弃自尊，放弃了自尊的女人就等于自掘坟墓！不要为男人而活，要为自己而活，要活出价值来，活出被别人需要的自豪感！全国妇联把“自尊、自信、自立、自强”作为新女性的标准，实质就是号召女性在不断地自我完善中发展自己，追求幸福。“四自”精神不仅是女性实现自我价值的需要，也是维护美满婚姻的法宝。所以，不断完善自我应是女人一生的功课！

对于很多女人来说，一旦遇到了某个心仪的男人，她往往会在自己生活中某些相对次要的事情上做出让步，时间一长，就迷失了自我。所以女人还是要有自己的思想和生活空间，坚持自我，这样你才不至于过别人的人生。

《卧虎藏龙》里有一句很经典的话：“当你紧握双手，里面什么也没有；当你打开双手，世界就在你手中。”紧握双手，肯定是什么也没有，打开双手，至少还有希望。很多时候，我们都应该懂得放弃，放弃才会使自己身心愉快，才会使自己获得快乐！

在生活中，我们应该学会放手，而不要一味地索取。懂得放手才会轻松快乐，背着包袱走路总是很累的。有的时候路走错了，如果你毫无意识地继续走下去，那么你将会离目标越来越远，这个时候能够停下来就是进步。有心计的女人永远不会让自己的人生扑朔迷离。

禅意人生

或许可以说，是女人亲手缔造了自己的悲剧，是女人亲手埋葬了自己。因为她没有活出自我，而是完完全全在为男人而活！倘若有一天男人离开了她，她还剩下什么？没有了爱情，没有了青春，于是乎便有些女人丧失了生活的勇气。诚然，爱情需要付出，但前提是你要活得快乐，要活出自我！女人，不要为爱迷失了自己。

爱已失，风度莫失

不要在缘分散尽时苦苦纠缠、彼此折磨，将你曾经爱过的那个人到处指责，何必？既然留不住心，不如给回忆中多留下一点美好。失了爱人，我们也要留下风度。

一切都是因缘而生，万物都在变化中，而感情自然也不能幸免。

或许，缘分这东西，日子久了也会生锈，使人遗忘了当初的信誓旦旦。缘分来的时候很自然，去的时候也很无情，当爱情不再灿烂，留给人的多是疲惫与憔悴。

往日的卿卿我我变成了今日的相对无言，多少人为此患得患失。然而尘缘如梦，几番起伏总不平，有些事似乎早已注定。天下无不散之筵席，当情缘已尽时，究竟孰对孰错谁又说得清、道得明？缘分就是这样，亦如花要凋谢、叶要飘零，你纵有千般不舍，又如何阻挡？情到断时自然断，人到无情必然走，你又如何挽留？世间万物，一切随缘，缘来则聚，缘尽则散。人生在世，我们应懂得随缘而安，缘来不拒它，缘去不哀叹，在拥有的时候，就用心去珍惜，在失去的时候，也不要强求，因为情缘已尽注定难以挽留，强求亦不会得到满意的结果。既如此，为何不在最后时刻给自己留下尊严？一如杏林子所说："曾经相遇，曾经相拥，曾经在彼此生命中光照，即使无缘也无憾。将故事珍藏在记忆的深处，让伤痛慢慢地愈合。"

邵明明是一位医生，在北京一家很有名望的医院工作。丈夫张仪是一家工程公司的老总，每天忙得不可开交，马不停蹄地在各地跑来跑去。两人见面的时间很少，只是偶尔在周末才聚一聚。

一次，邵明明和张仪偶然间在医院的急诊室相遇。张仪向妻子解释说："我带一个女孩来看病，她是我单位的员工，由于工作劳累过度晕倒了。"邵明明看了那女孩一眼，女孩看上去比张仪小很多，脸上带着点野性。邵明明心里有一种说不出来的感受。

她便偷偷地到丈夫工作的公司去打探。大家都说从来没有见过像她所描述的这样一个女孩。

邵明明听后，立即像失去重心一样。回来后，她给丈夫打了电话，说她已出差到了外地，要一个月以后才回去。

接着她便到丈夫的公司附近蹲守。

蹲守的结果证明，那女孩已经与张仪同居了很久。怎么办？是离婚还是抗争？邵明明陷入了极度痛苦的深渊。

那个晚上，她坐公共汽车回家。

车开得很慢，司机好像很懂邵明明的心情。车上只有三个乘客，另外两个乘客在给亲人打电话，脸上洋溢着幸福的表情。邵明明痛苦地闭上眼睛，回想起摊放在桌上半年多的《离婚协议书》。

突然有人叫她，是那位司机在跟她说话："妹妹，你有心事？"

邵明明没有回答。

"我一猜您就是为了婚姻，"邵明明的脸色微微地有点冷暗，可司机却当没看见一样继续说，“我也离过婚。”

邵明明眼睛微微一亮，便竖起耳朵细心倾听起来。

“我和妻子离婚了。”

邵明明的心不由一紧。

“她上个月已经同那个男人结婚了，他比她大四岁，做翻译工作，结过婚，但没孩子。听说，他前妻是得病死的。他性格挺好的，什么事都顺着我前妻，不像我性子又急又犟，他们在一块儿挺合适的。”

邵明明觉得这个司机很不寻常。

“妹妹，现在社会开放了，离婚不是什么丢人的事，你不要觉得在亲友当中抬不起头。我可以告诉你，我的妻子不是那种胡来的人，她和那个男人在大学里相爱四年，后来那个男人去了国外，两人才分手。那个男人在国外结了婚，后来妻子死了，他一个人在国外很孤独，就回来了。他们在同学聚会上见了面，这一见就分不开了。我开始也恨，恨得咬牙切齿。可看到他们战战兢兢、如履薄冰地爱着，我心软了，就放他们一条生路……”

邵明明的眼睛有些湿润了，她想起丈夫写给她的那封信：

“我没有想到会在茫茫人海中与她邂逅。在你面前，我不想隐瞒她是一个比我小很多的女人。我是在一万米的高空遇见她的，当时她刚刚失恋。我们谈了几句话之后，她就坦诚地告诉我她不是个好女孩，后来我知道她和我生活在同一座城市，我不知为什么，从那一天起，心里就放不下她。后来我们频频约会，后来我决定爱她，照顾她一生。因为她，我甚至想放弃一切……”

车到家了，邵明明慢慢地走上楼。第二天她很平静地在《离婚协议》上签了字。

爱情可以容忍苦难，却不能容忍背叛。当一段感情逝去了，当你的爱人已然背叛，不知你可曾想过，接下来我们要怎样做？

在情感的世界中，我们可以失去爱情，但一定要留下风度。

事实上，在情感的世界中，并没有绝对的对与错，他爱你时是真的很爱你，他不爱你时是真的没有办法假装爱你。毕竟你们真的爱过，所以分手时为何不能选择很有风度地离开？所以，不要为背叛流眼泪，在感情的世界中眼泪从来都只属于弱者。他若是爱你，怎会舍得让你流泪？他若是不再爱你，即便是泪水流尽亦于事无补。

缘分这东西冥冥中自有注定，如果你们错过，那只能说明你们不是彼此一生的归宿，他或许只是你在寻找一生爱情上的一次尝试。如果你自认是生活上的强者，那么不如洒脱地离开，既然曾经深爱，就不要再彼此伤害。

当你所面临的是这种婚外萌发的真情时，这种真爱就如生长在荆棘丛中的一株野花，在临近深秋时绽开。虽然它开得不是地方，不合时节，但毕竟已在凉凉的秋风中战栗地开放。你又何须一脚将其踏死？即使这样你也会付出惨重的代价。这时，不如退后一步，像一首歌中唱的那样，人生没有翻不过的山，没有趟不过的河，更没有过不去的坎……

这时你所该做的，是再次用真的自己去面对生活，珍惜生命中的每一秒、每一段缘。

禅意人生

在人生的旅途上，生活给了你伤痛、苦难，同时也给了你退路和出口。所以当你所爱的人为了另一个珍爱的人执意要离你“远行”时，你无须作伤痕累累的最后决斗，而应在适当的时候选择放手。

还有下一次

去感谢那个抛弃你的人，为他祝福，因为他给了你寻找幸福的新机会。

这个世间的一切众生，都被情感这种力量所牵引，也用情感的方法处理这个世间的各种问题。所以世间一切众生，都因为在情感之河中随波逐流，而成为不能解脱的人。放下情执，你才能得自在。

然而，这对世人而言多是做不到的。当然，我们不可能放下一切情欲，这并不现实。但事实上，我们完全可以以平和的态度去对待情感——让它随缘。缘来珍惜，缘去放下，坦坦荡荡地接受宿命的安排，满怀希望地迎接下一份缘的到来。

其实，人生最怕失去的不是已经拥有的东西，而是失去对未来的希望。爱情如果只是一个过程，那么失去爱情的人正是在经历人生应当经历的，如果要承担结果，谁也不愿意把悲痛留给自己。要知道，或许下一个他（她）更适合你。

肖晓雪花龄之际爱上了一个帅气的男孩，然而对方不像肖晓雪爱他那样爱自己。不过，那时的肖晓雪对爱情充满了幻想，她认为只要自己爱他就足够了，自己只要有爱，只要能和自己爱的人在一起，这一辈子就是幸福的。于是，情窦初开的肖晓雪不顾闺密劝说，毅然决然地嫁给了那个男孩。然而，婚后的生活与肖晓雪对于爱情的憧憬完全是两个样子，从结婚那天起，肖晓雪的幸福就告一段落。她的丈夫爱喝酒，只要喝醉了就对她拳脚相加，即便是在外边惹了气，回到家中也要拿她来撒气。两年以后，肖晓雪产下一女，丈夫对她的态度更不如前，就连婆婆也对她骂不绝口，说她断了自家的香火。

后来，她丈夫又勾搭上了别的女人，终日里吵着要离婚，最终肖晓雪忍受不了屈辱，签下离婚协议书，带着不足三岁的女儿远走他乡。

时已年近三十的肖晓雪虽然被无情的岁月、苦难的命运褪去了昔日的光鲜，却增添了几分成熟女人的韵味，依旧展现着女人最娇艳的美丽。于是，便有媒人上门提亲，据说对方是个过日子的男人，就因为当年成分不好耽搁了终身大事，改革开放后靠手艺吃饭。肖晓雪因为想给女儿一个完整的家，所以当时并没有考虑对方是不是自己爱的人，没有多问就嫁给了那个叫孙立佳的男人。

过门以后肖晓雪才发现，那个男人长得又黑又丑，满口黄牙，而且他的所谓手艺也只是顶风冒雨地修鞋而已。见到孙立佳的那一刻，别说爱上他了，肖晓雪心中甚至有一种上当受骗的感觉，但是她知道，自己已经没有任何退路了。

然而，就是这样一个不起眼的丑男人，却让她深切体会到了男女之间真正的爱情。

结婚之后，孙立佳很是宠她，不时给她买些小玩意儿，一个发夹，一支眉笔……有一次，甚至还给她带回了几个芒果。在以往近30年的岁月中，肖晓雪从来没有用过这些东西，更不用说吃芒果了。

在吃芒果的时候，孙立佳只是傻傻地看着她，自己却不吃。肖晓雪让他："你也吃。"他却皱眉："我不爱吃那东西，看你喜欢吃我就高兴。"后来，肖晓雪在街上看到卖芒果的，过去一问才知道，芒果竟要二十几元一斤，她的眼睛瞬间红了起来。

那么香甜可口的东西他怎么可能不爱吃？他是舍不得吃呀，是为了让她多吃一些啊！

爱情不是一次性的物品，用完了就不能再用。那段逝去的感情或许只是宿命中的一段插曲，那个不再爱你的人应该只是宿命中的过客而已。上天对每个人都是公平的，他为你安排了一段不完美的爱情，或许只是为了了结前世的孽缘，而真正爱你的人一定会在不远处等着你，只要你不放弃。

可是对此，很多人并看不透。于是有些人在失去爱情以后悲痛欲绝，甚至踏上自毁之路。这真的太傻。

爱情对于豁达的人而言，只是生命的一部分，是一种人生的经验，有顺境，有逆境，有欢笑，有悲哀。所以，当和喜欢的人相爱时，会觉得快乐，觉得幸福。当分手时，或者遇上障碍时，会自我安慰："这是人生难免，合久必分，也许前面有更好、更适合我的人哩!"于是他们会勇敢地、冷静地处理自己伤心失落的情绪，重新发展另一段感情。

而偏执的人则不然，他们会觉得一生里最爱的只有这一个人，不相信世界上有更完美、更值得他们去爱的人。所以当这段爱情变化时，就会失去所有的希望，也对自己的自信心和运气产生怀疑。这段关系遭受外界的阻力，就等于"天亡我也"。如此，他们就会变得消极，产生比较极端的想法，极有可能会选择自杀的道路。

其实，现实人生里，没有人是像电影小说、流行歌曲所形容的那样幸福地可以恋爱一次就成功，永远不分开的。大多数人都是经历过无数的失败挫折才可以找到一个可长相厮守的人。

所以当你失去爱情时，当你们不可能永远在一起时，你应该告诉自己："还有下一次，何必去计较呢?"无论你这次跌得多痛，也要鼓励自己，坚强起来，重拾那破碎的心，去等待你的"下一次"。人生是个漫长的旅程。在这个旅程中，人们大都要经历若干级人生阶梯。这种人生阶梯的更换不只是职业的变换或年龄的递进，更重要的是自身价值及其价值观念的变化。在"又升高了一级"的人生阶梯上，人们也许会以一种全新的观念来看待生活，选择生活，并用全新的审美观念来判断爱情，因为他们对爱情的感受已然完全不同了。

这种人生的"阶梯性"与爱情心理中的审美效应的关系在许多历史名人的生活中，也可看到。比如歌德、拜伦、雨果等，他们更换钟情对象，"往往表现了他们对理想的痛苦探求，同现实发生冲突所引起的失望，和试图通过不同的人来实现自己的理想形象的某些特点的结合”。

虽然更换钟情对象有时是可以理解的，但是，这种选择给人们带来的痛苦也是显而易见的。因而女人们应该尽可能在较成熟的阶梯上做一次新的选择。那种小小年纪便将自己缚在某一个男人身上的做法，显然是不可取的。所以，有一天当失恋的痛苦降临到我们身上时，也不必以为整个世界都变得灰暗，理智的做法应是给对方一些宽容，给自己一点心灵的缓冲，及时进行调整，用新的姿态迎接明天。

禅意人生

经历了许多的人、许多的事，历尽沧桑之后，你就会明白：这个世界上，没有什么是不可以改变的。美好、快乐的事情会改变，痛苦、烦恼的事情也会改变，曾经以为不可改变的，许多年后，你就会发现，其实很多事情都改变了。而改变最多的，竟是自己。不变的，只是小孩子美好天真的愿望罢了！所以当一份感情不再属于你的时候，就果断地放弃它，然后乐观等待你的下一次！

第八辑
得失随缘，就不会有障碍

眼睛不要老是睁得那么大，我且问你，百年以后，哪一样是你的？笑对得失，不去埋怨。悠然，随心，随性，随缘。注定让一生改变的，只在百年后，那一朵花开的时间。

得中有失，失中有得

人生好似一座天平，得失心过重或是过轻，都会失去平衡。是故，我们应以平衡的心态、平衡的目光去看待得失。从得中看到失，从失中发现得。

人要有乐观的心态，正确对待得失，相信有失必有得，有得必有失，要舍得放弃。

其实，人生莫不是在得失中度过：当你终于成功了，失去的是青春；你终于事业有成了，失去的是健康；一些所谓的成功人士有许多女伴的时候，失去的也许是忠贞不渝的爱情和夫妻间的相濡以沫；儿孙满堂时，失去的却是一生……

我们出来做事，如果一点都放不开，什么也舍不得的话，很可能就什么也得不到；你捡起一块石头之后总也放不下的话，双手就不能用来干别的事了。

而一个人的精力总是有限的，如果什么都想得到，分心太散，则很可能什么也得不到，什么事也做不成。有的人总幻想做遍世上的一切工作，那太不现实了。人还是一辈子只做几件事好，但是要把那几件做得像个样子。

希尔·西尔弗斯坦在《失去的部件》中记述了这样一个故事：

一个圆环失去了一个部件，它旋转着去寻找这部件。因为缺少了部件，它的滚动非常缓慢，这使得它有机会欣赏沿途的鲜花，可以与阳光对话，和地上的小虫聊天，同蝴蝶吟唱……而这是它在完整无缺、快速滚动时无法注意、没能享受到的。但当它找到那部件后，因为滚得太快，它不能从容欣赏花，也没有机会聊天，因而失去了所有的朋友，一切都变得稍纵即逝……

在梦中的天姥山的石阶上，脚着谢公履，看海日，闻天鸣，醒来便仰天长啸出门去，不肯摧眉折腰事权贵的李白选择了骑鹿游名山，失去了权势，却得到了开心颜。

在南山蜿蜒的小路上，东篱下，一个采菊的身影，挥罢衣袖，吟道："少无适俗韵，性本爱深山。"在误落尘网 30 年后，陶渊明选择了守拙归田园，失去了五斗米，却挺直了他的脊梁。

在惶恐滩头，在零丁洋里，文天祥一身浩然正气，不被利禄所惑，不为强暴所服，失去了生命，却得到了千古赞颂。

不是一切失去都只意味着缺憾。

在国家生死存亡的关头，为了个人的恩怨，为了一己之私，秦桧谗言献媚，一句"莫须有"，断送了祖国大好河山。是的，他得到了满足，却留下了千古骂名。

在列强任意践踏我们的民族的危难中，为了荣登大宝，圆皇帝梦，袁世凯泯灭良知，断然签下了旨在灭亡中国的"二十一条"。是的，他得到了帝国主义的支持，最终却在绝望中死去。

在国家蓬勃发展的时候，在人民需要体恤的时候，为了金钱，为了虚荣，有人忘记了信仰，背叛了人民，伸出了贪污之手。是的，他得到了一时的荣华，却最终难逃法网。

不是一切得到都意味着圆满。

在人生道路上，在花花世界里，你是否看清：不是一切失去都意味着缺憾，不是一切得到都意味着圆满。

不要为失去的追悔伤心，也许失去意味着更好的得到，只要你选择的是纯洁而又美好的理想；不要为得到的而沾沾自喜，也许得到代表着你失去了更多，如果你选择的是虚荣而又自私的目标。

天台国清寺的两个诗僧，在幽静的林子里，在月光下对话。一问："世人谤我、欺我、辱我、恶我，如何？"一答："你只需由他、任他、忍他，你且看他。"

是啊，无论失去或得到，只需用一颗平静的心去面对，缺也会是圆。

得与舍的关系是很微妙的，一个人一生中可能只能得到有限的几样东西，甚至几点东西。而这些东西可能要用一生的时间来换取，所以在这个意义上人生是个悲剧。这个世界上有那么多东西，又有那么多美好的东西，可是那一切好像与你无关，它对于你只是作为一种诱惑出现，你只能眼睁睁看着别人将它拿走。如果一点都放不开，什么都舍不得，什么都想得到，就会活得很累。可是你本来就一无所有，甚至这世界上本来就无你，从这点看，你已经获得了几样东西，最起码获得了生命，和来世界走一遭的体验。上帝对你还是不错的，起码在这个美好纷繁的世界上旅游了这些许年，所以你看，你是不是又得到了许多？

参透了得与失，就不会得意忘形，也不会悲观失望，有一颗平常心、一颗从容心，就可以做事了。

禅意人生

面对得失，有人坦然以对，有人患得患失。舍得即自在，执着便烦恼。该出手时便出手，该放手时便放手，其所得往往出乎意料；倘若费尽心机去争去抢，到头来反而是竹篮打水一场空。

有舍有得，是为人生

世人都有自己的人生路要走，但要边走边思自己心中的得失是什么，莫要虚度此生，空悲切。

舍，就是对一切事物不起一点憎爱执着，并且能够不断地付出，不断地给予。

很久以前，城郊有一座葡萄园，果实甘甜，每到成熟季节，都会有很多人前来采摘，而每每此时，都会有一只鸟儿盘旋在葡萄园上方。如果有人伸手去摘葡萄，这只鸟就会大叫不停，仔细听那声音，似乎是“我所有……我所有”，因此，人们给它取了一个十分滑稽的名字——“吝啬鸟”。

这年，葡萄园大丰收，前来采摘的人比往年多了一倍。吝啬鸟叫得凄厉异常，但人们对此早已司空见惯，根本不去理会。最后，由于日复一日的啼叫，吝啬鸟累得咳血而亡。

据说数十年前，城中住着一位年轻人，他在父母过世以后继承了大笔财产。对他而言，钱财就是一切，他每天计算着自己的财产数量，甚至连城郊葡萄园的收成也计算在内，只盼望能够越多越好。

在他看来，多一个人就会多一份消耗，所以他一生没有娶妻生子。终老以后，由于他的财产无人继承，所以便全部没入了国库。

吝啬鸟的前世，就是这位年轻人。他虽已转世为鸟，但仍未改吝啬之习，仍想霸着葡萄园不放，乃至累得咳血而亡。

紧紧抓着不放，不肯与人分享丝毫，这样的人其实是贫穷的。既然你所拥有的，已经超过你所需要的，那么为何不能让更多真正需要的人“沾沾光”呢？若如此，你一定能够赢得人格上的富足。

人执我所有，悭贪不能舍；纵以是生护，亦为无常夺。

“我所有”就是我所有的房屋、眷属、家产，这些身外之物可以利用它来维持我们的生命；而修行人所需要的仅是菜饭饱、布衣暖足矣，如贪求无厌，吝惜不舍，一旦失落，难免会像“吝啬鸟”那样哀叫至死。

有这样一个佛家故事：

有一天，佛祖见路边地下埋有黄金，就对弟子说“下有毒蛇”。佛祖走后，有个人不信，去挖土，挖出很多黄金来，一时暴富，被人告发。国王责怪他没有缴公，就判了他的罪，所以佛祖说黄金就是毒蛇。

佛祖还说人所有财物为五家所有。哪五家呢？为水所漂，为火所烧，为贼所盗，为子所败，为官府所抄。其实婆娑世界里的一切，都不是用来拥有的，而是用来舍的，一个人舍下一切则是真正的壮大，无牵无挂；一个人拥有一切便是沉沦苦痛的深渊。学会舍弃，免于物欲的奔逐、事物的执迷，才能获得人生的自在与豁达。

在巴勒斯坦有两个湖，这两个湖给人的感觉是完全不一样的。其中一个湖名叫加里勒亚湖，水质清澈洁净，可供人们饮用，湖里面各种生物和平相处，鱼儿游来游去，清晰可见，四周是绿色的田野与园圃，人们都喜欢在湖边筑屋而居。

另一个湖叫死海，水质的碱度位于世界之最，湖里没有鱼儿的游动，湖边也是寸草不生，了无生气，景象一片荒凉。没有人愿意住在附近，因为它周围的空气都让人感到窒息。

有趣的是，这两个湖的水源，是来自同一条河的河水。所不同的是：一个湖既接受也付出，而另一个湖在接受之后，只保留，不懂得舍却原来的水。

让河流动，方得一池清水，这是流水不腐的道理。舍而后得，这是人生的道理。

“舍得”一词，是佛家语，是禅境语，本意是讲万丈红尘扑朔迷离，人生在世总会有获得有舍却。舍与得互为因果，往与复本来是自如的，如果领略其中奥意，自然可以打破分别之心。佛无分别心；无分别心，即无烦恼挂碍，心境圆融通达，万象归于一乘，人生有限之生命就会融入无限的大智慧中。

舍与得的问题，多少有点哲学的意味。舍得，舍得，先有舍才有得，不舍不得，小舍小得，大舍大得，舍即是得。舍是得的基础，将欲取之，必先予之，因而人生最大的问题不是获得，而是舍弃，无舍尽得谓之贪。贪者，万恶之首也。领悟了舍得之道，对于做人做事都有莫大的益处。做人，应该抛弃贪婪、虚伪、浮华、自私，力求真诚、善良、平和、大气。做事，应该有所为有所不为。

生活本来就是舍与得的世界，我们在选择中走向成熟。做学问要有取舍，做生意要有取舍，爱情要有取舍，婚姻也要有取舍，实现人生价值更要有取舍……正如孟子所说：“鱼，我所欲也；熊掌，亦我所欲也。二者不可兼得，舍鱼而取熊掌者也。”人生即是如此，有所舍而有所得，在舍与得之间蕴藏着不同的机会，就看你如何抉择。倘若因一时贪婪而不肯放手，结果只会被迫全部舍去，这无异于作茧自缚，而且错过的将是人生最美好的时光，即使最后能获得什么，那也是一种得不偿失！何苦来哉？

舍与得之间的抉择是一种生活的艺术，亦是一种人生哲学。是否舍得就看你的智慧量是多少了。

禅意人生

失去的东西，其实从不曾真正属于你，故不必惋惜，潇洒一点。人生就在得失之间，有失才有得，有得必有失，对人生的认识就在这个得失之间不断地提高、上升。

得失是非，梦幻空花

众生无我，并缘业所转。苦乐齐受，皆从缘生。若得胜报荣誉等事，是我过去宿因所感，今方得之，缘尽还无，何喜之有。得失从心，心无增减，喜风不动，冥顺于道，是故说言随缘行。

世人眼前所发生的一切事情都如梦幻泡影，像空中烟花一般，没有必要太过执着；人世间的得与失也是如此，都只是暂时的，不会永久，最好是能够放下。

得与失对人的困扰，其实就是人的自我束缚，是在自寻烦恼。如何解除？很简单，将得失是非一时放却，则自然会心境澄澈，烦恼顿消，亦如青山白云，静者自静，闹者自闹。随时排除得失，真我本性自然恢复，心中清净如水，波澜不惊，自然即可达舒适轻快的人生境界。

埃文斯是一个画家，而且是一个很不错的画家。他画快乐的世界，因为他自己就是一个快乐的人。不过没人买他的画，因此他偶尔难免会有些伤感，但只是一会儿的时间。

"玩玩足球彩票吧！"朋友劝他，"只花两美元就有可能赢很多钱。"

于是埃文斯花两美元买了一张彩票，并且真的中了彩！他赚了500万美元。

"你瞧！"朋友对他说，"你多走运啊！现在你还经常画画吗？"

"我现在只画支票上的数字！"埃文斯笑道。

于是，埃文斯买了一幢别墅并对它进行了一番装饰。他很有品位，买了很多东西，其中包括：阿富汗地毯、维也纳橱柜、佛罗伦萨小桌、迈森瓷器，还有古老的威尼斯吊灯。

埃文斯满足地坐下来，点燃一支香烟，静静地享受着自己的幸福。突然，他感到自己很孤单，他想去看看朋友，于是便把烟蒂一扔，匆匆走出门去。

烟头静静地躺在地上，躺在华丽的阿富汗地毯上……一个小时后，别墅变成一片火海，它完全被烧毁了。

朋友们在得知这一消息以后，都赶来安慰埃文斯："埃文斯，你真是不幸！"

"我有何不幸呢？"埃文斯问道。

"损失啊！埃文斯，你现在什么都没有了。"朋友们说。

"什么呀？我只不过损失了两美元而已。"埃文斯答道。

人生漫长，每个人都会面临无数次选择。这些选择，可能会使我们的生活充满烦恼，使我们不断失去本不想失去的东西。但同样是这些选择，却又让我们在不断地获得。我们失去的，也许永远无法弥补，但我们得到的却是别人无法体会到的、独特的人生。面对得与失、顺与逆、成与败、荣与辱，我们要坦然视之，不必斤斤计较，耿耿于怀，否则，只会让自己活得很累。

其实，人在大得意中常会遭遇小失意，后者与前者比起来，可能微不足道，但是人们却往往会怨叹那小小的失，而不去想想既有的得。

须知，得到固然令人欣喜，失去却也没有什么值得悲伤的。得到的时候，渴望就不再是渴望了，于是得到了满足，却失去了期盼；失去的时候，拥有就不再是拥有了，于是失去了所有，却得到了怀念。连上帝都会在关了一扇门的同时又打开一扇窗，得与失本身就是无法分离：得中有失，失中又有得。

《孔子家语》里记载，有一天楚王出游，遗失了他的弓，下面的人要找，楚王说："不必了，我掉的弓，我的人民会捡到，反正都是楚国人得到，又何必去找呢？"孔子听到这件事，感慨地说："可惜楚王的心还是不够大啊！为什么不讲人掉了弓，自然有人捡得，又何必计较是不是楚国人呢？"

“人遗弓，人得之”应该是对得失最豁达的看法了。就常情而言，人们在得到一些利益的时候，大都喜不自胜，得意之色溢于言表；而在失去一些利益的时候，自然会沮丧懊恼，心中愤愤不平，失意之色流露于外。但是对于那些志趣高雅的人来说，他们在生活中能“不以物喜，不以己悲”，并不把个人的得失记在心上。他们面对得失心平气和、冷静以待，超越了物质，超越了世俗，千百年来，令多少人“高山仰止，心向往之”。

禅意人生

当我们在得与失之间徘徊的时候，只要还有选择的权利，那么，我们就应当以自己的心灵是否能得到安宁为原则。只要我们能在得失之间做出明智的选择，那么，我们的人生就不会被世俗所淹没。

即刻放下，便是解脱

人生应淡定若禅，不因外界苦乐起浮躁心，须从万有因果规律的角度认知世间的现象，把握实际，勿贪求，亦不消极，免得自寻烦恼。

“若著相于外，而作法求真，或广立道场，说有无之过患，如是之人，累劫不可见性。”《坛经》在这里点明了“若著相于外”

的种种弊端，目的只有一个，那就是让人们懂得“放下”、懂得“放手”。佛语中讲的“放下屠刀，立地成佛”中的“放”意为“放弃”，而“屠刀”则泛指恶念。不论是“放弃”与“放下”，都是让人们将某些该放下的事情要敢于放下、勇于放下。

从古到今，芸芸众生都是忙碌不已，为衣食、为名利、为自己、为子孙……哪里有人肯静下心来思考一下：忙来忙去为什么？多少人是直到生命的终点才明白，自己的生命浪费太多在无用的方面，而如今却已没有时间和精力去体会生命的真谛了。唐代的寒山禅师针对这一现象作过一首《人生不满百》的诗：

人生不满百，常怀千岁忧。

自身病始可，又为子孙愁。

下视禾根土，上看桑树头。

秤锤落东海，到底始知休。

此诗可以这样解释：“人生不满百，常怀千岁忧。”尽管人生非常短暂，但是人们却都抱着长远规划，全然忘记生命的脆弱；“自身病始可，又为子孙愁。”不仅应付自己的烦恼，还要为子孙后代的生活操劳；“下视禾根土，上看桑树头。”生命中劳劳碌碌都是为衣食生计奔波，哪里有时间停下来思考一下生命的意义；“秤锤落东海，到底始知休。”人生的轨迹就如同掉进水里的秤砣一样，直到碰到生命的尽头才会停止。

寒山禅师以此诗提醒世人：“即刻放下便放下，欲觅了时无了时。”能放下的事情不妨放下，若是等待完全清闲再来修行，恐怕是永远找不到这样的机会啦。

从前有个国王，放弃了王位出家修道。他在山中盖了一座茅草棚，天天在里面打坐冥想。有一天感到非常得意，哈哈大笑起来，感慨道："如今我真是快乐呀。"

旁边的修道人问他："你快乐吗？如今孤单地坐在山中修道，有什么快乐可言呢？"

国王说："从前我做国王的时候，整天处在忧患之中。担心邻国夺取我的王位，恐怕有人劫取我的财宝，担心群臣觊觎我的财富，还担心有人会谋反……现在我做了和尚，一无所有，也就没有算计我的人了，所以我的快乐不可言喻呀。"

人生往往如此：拥有的越多，烦恼也就越多。因为万事万物本来就随着因缘变化而变化，凡人却试图牢牢把握让它不变，于是烦恼无穷无尽。倒不如尽量放下，烦恼自然会渐渐减少。话虽如此，又有谁能放下呢？

许多人都有贪得无厌的毛病，正因为贪多，反而不容易得到。结果患得患失，徒增压力、痛苦、沮丧、不安，一无所获，真是越想越得不到。

有个孩子把手伸进瓶子里掏糖果。他想多拿一些，于是抓了一大把，结果手被瓶口卡住，怎么也拿不出来。他急得直哭。

家人对他说："看，你既不愿放下糖果，又不能把手拿出来，还是知足一点吧！少拿一些，这样拳头就小了，手就可以轻易地拿出来了。"

在生活中，要学会"得到"需要聪明的头脑，但要学会"放下"却需要勇气与智慧。普通的人只知道不断占有，却很少有人学会如何放下。于是占有金钱的为钱所累，得到感情的为情所累……佛家劝人们放下，不是要人们什么事情都不做，是说做过之后不要执着于事情的得失成败：钱是要赚的，但是赚了之后要用合适的途径把它花掉，而不是试图永远积攒；感情是应该付出的，不过不必要强求付出的感情一定得到回报，更何况什么天长地久。如果我们学会了“放下”的智慧，那么不仅会利益周围的人，更是从根本上解脱了我们自己。

当佛陀在世的时候，有位婆罗门的贵族来看望他。婆罗门双手各拿一个花瓶，准备献给佛陀作礼物。

佛陀对婆罗门说：“放下。”

婆罗门就放下左手的花瓶。

佛陀又说：“放下。”

于是婆罗门又放下右手的花瓶。

然而，佛陀仍旧对他说：“放下。”

婆罗门茫然不解：“尊敬的佛陀，我已经两手空空，你还要我放下什么？”

佛陀说：“你虽然放下了花瓶，但是你内心并没有彻底地放下执着。只有当你放下对自我感观思虑的执着、放下对外在享受的执着，你才能够从生死的轮回之中解脱出来。”

在我们寻常人的眼里，世间的万法往往被认为是实有的，加之我们以固有的观念去看待世间的万物，因而在我们主观的视角中便产生畸形的人生观，当作衡量世间一切事物的尺度，因而使我们深深地被是非、烦恼困扰住了。于是人生就平白起了许多的痛苦，而我们自身又无法摆脱这种痛苦的缠绕。显然，我们要摆脱世间各种烦恼的缠缚，单纯地依靠世间的智慧，无疑是不可能实现的，有时我们还需要一种勇气、一种敢于“放下”的勇气。比方说我们对某些事“求不得”时，就会想尽一切办法努力去争取实现其目的，而当这一目的被实现之后，新的欲求又将会接着产生，由是转而产生新的烦恼，如此则永无了期。此时此刻，如果我们心中能够产生一种“放下”的勇气，这个烦恼也就有了期限。

懂得“放下”，是一味开心果，是一味解烦丹，是一道欢喜禅。只要我们能够适时地“放下”，何愁没有快乐的春莺在啼鸣；何愁没有快乐的泉溪在歌唱；何愁没有快乐的鲜花在绽放！当你决定放下时，你就不会再失去，消失的只有烦恼。人生所有的烦恼都源于放不下的执着。

禅意人生

是你的便是你的，不是你的即便费尽心机不择手段得来，也是无福消受的。做人不必太执着，试问有什么是一定放不下的？该放手时且放手吧！

随缘不变，不变随缘

过去的一如暮霭，你错过了太阳，便会得到一轮明月；你错过了月亮，至少还有星星。

来是偶然的，走是必然的。所以你必须随缘不变，不变随缘。

然而世人真能这样洒脱吗？

在生活中，我们常会产生一种痛苦，它的名字叫错过。人生中一些极美、极珍贵的东西，常常与我们失之交臂，这时的我们总会因为错过美好而感到遗憾和痛苦。其实喜欢一样东西未必非要得到它，俗话说："得不到的东西永远是最好的。"

当你为一份美好而心醉时，远远地欣赏它或许是最明智的选择，错过它或许还会给你带来意想不到的收获。

我们匆匆行走于这个世界时，是否可以将一路的美景尽收眼底，是否可以将世间珍品都收归已有？不，不可能，甚至大多数的时候我们常常错过它们。于是，人生便有了"遗憾"这一词组。仔细想想，遗憾能给你留下什么？除了一种难以诉说的隐痛，似乎没有任何好处。所以，不要让自己总是怀有这种隐痛，佛法讲"万事随缘"，既然你与之无缘，那就随它自去吧！

禅界里讲了这样一个故事以警世人。

小孩在一处平静之地玩耍，这时来了一位禅师，他给了小孩一块糖，于是，小孩非常高兴。

过了一会儿，禅师看见小孩哭得很伤心，就问他为什么要哭，那小孩说："我把糖丢了。"

禅师想："这小孩没糖时很平静，平白无故得到糖时很高兴，等到糖丢了时，便极度的伤心。那失去糖后，应与没得到糖时一样呀，又有什么伤心的呢！"

是啊！为什么要伤心呢？

岁月会把拥有变为失去，也会把失去变为拥有。你当年所拥有的，可能今天正在失去，当年未得到的，可能远不如今天你正拥有的。有时候错过正是今后拥有的起点，而有时拥有恰恰是今后失去的理由。

美国的哈佛大学要在中国招一名学生，这名学生的所有费用由美国政府全额提供。初试结束了，有30名学生成为候选人。

考试结束后的第十天，是面试的日子。30名学生及其家长云集锦江饭店等待面试。当主考官劳伦斯·金出现在饭店的大厅时，一下子被大家围了起来。他们用流利的英语向他问候，有的甚至还迫不及待地向他做自我介绍。这时，只有一名学生，由于起身晚了一步，没来得及围上去。等他想接近主考官时，主考官的周围已经是水泄不通了，根本没有插空而入的可能。

于是他错过了接近主考官的大好机会，他觉得自己也许已经错过了机会，于是有些懊丧起来。正在这时，他看见一个外国女人有些落寞地站在大厅一角，目光茫然地望着窗外，他想，身在异国的她是不是遇到了什么麻烦，不知自己能不能帮上忙。于是他走过去，彬彬有礼地和她打招呼，然后向她做了自我介绍，最后他问道："夫人，您有什么需要我帮助的吗？"接下来两个人聊得非常投机。

后来这名学生被劳伦斯·金选中了，在30名候选人中，他的成绩并不是最好的，而且面试之前他错过了跟主考官套近乎、加深自己在主考官心目中印象的最佳机会，但是他却无心插柳柳成荫，原来，那位异国女子正是劳伦斯·金的夫人。这件事曾经引起很多人的震动：原来错过了美丽，收获的并不一定是遗憾，有时甚至可能是圆满。

人生要留一份从容给自己，这样就可以对不顺心的事，处之泰然；对名利得失，顺其自然。要知道世上所有的机遇并不都是为你而设的，人生总是有得有失，有成有败，生命之舟本来就是在得失之间浮沉！美丽的机会人人珍惜，然而却并非我们都能抓住，错过了的美丽不一定就值得遗憾。

有些美丽是不该错过的，而有些美丽则需要你去错过。从前，一位旅行者听说有一个地方景色绝佳，于是他决定不惜一切代价也要找到那个地方，一饱秀色。可是经历了数年的跋山涉水、千辛万苦后，他已相当疲惫，但目的地依然遥遥无期。这时，有位老者给他指了一条岔路，告诉他美丽的地方很多很多，没必要沿着一条路走到底。他按老者的话去做了，不久他就看到了许多异常美丽的景色，他赞不绝口，流连忘返，庆幸自己没有一味地去找寻梦中那个美丽的地方。

生活就是如此，跋涉于生命之旅，我们的视野有限，如果不肯错过眼前的一些景色，那么可能错过的就是前方更迷人的景色，只有那些善于舍弃的人，才会欣赏到真正的美景。

有些错过会诞生美丽，只要你的眼睛和心灵始终在寻找，幸福和快乐很快就会来到。只是有的时候，错过需要勇气，也需要智慧。

喜欢一样东西不一定非要得到它。有时候，有些人为了得到他喜欢的东西，殚精竭虑，费尽心机，更有甚者可能会不择手段，以致走向极端。也许他在拼命追逐之后得到了自己喜欢的东西，但是在追逐的过程中，他失去的东西也无法计算，他付出的代价应该是很沉重的，是其得到的东西所无法弥补的。

为了强求一样东西而令自己的身心疲惫不堪，这很不划算，况且有些东西一旦你得到以后，日子一久或许就会发现它并不如原本想象中的好。如果你再发现你失去的比得到的东西更珍贵的时候，你一定会懊恼不已。俗话说："得不到的东西永远是最好的。"所以当你喜欢一样东西时，得到它也许并不是最明智的选择，而错过它却会让你有意想不到的收获。总之，人生需要一点随意和随缘，不为失去了的遗憾，也不为希求着的执着。无执、无贪，这便是禅的随性境界。

许多的心情，可能只有经历过之后才会懂得，如感情，痛过了之后才会懂得如何保护自己，傻过了之后才会懂得适时的坚持与放弃。在得到与失去的过程中，我们慢慢认识自己，其实生活并不需要这些无谓的执着，没有什么真的不能割舍的。学会放弃，生活会更容易！

禅意人生

在人生处于最困顿的时刻，也不要为错过而惋惜。失去的折磨会带给你意想不到的收获。花朵虽美，但毕竟有凋谢的一天，请不要再对花长叹了。因为可能在接下来的时间里，你将收获雨滴的温馨和细雨的浪漫。

得得失失，皆有因果

得与失一如小舟的两支桨、马车的两只轮，得失只在一瞬间。失去春天的葱绿，却能够得到丰硕的金秋；失去青春岁月，却能使我们走进成熟的人生……失去，本是一种痛苦，但也是一种幸福，因为失去的同时也在获得。

《因果经》有一首偈这样说道：“富贵贫穷各有由，夙缘分是莫强求。未曾下得春时种，坐守荒田望有秋。”其实，人世间的事，无论好坏、善恶、得失、有无，都有其因果关系，没有任何一件事可以脱离因果法则的。

在佛门里称布施为“种福田”，只要有播种，必然会有结果，但是何时才能收成，就有待因缘成熟了。悭贪之人应该知道喜舍结缘乃是发财顺利之因，不播种，怎有收成？而且布施应在不自苦、不自恼的情形下为之，否则就是不净之施，不是真心惠人！

有舍有得，舍与得是生活的两面。得到了这一面，就必然会舍去另一面。正如福祸相依一样。世界上有许多人因为各种原因失去了他们本该拥有的，也得到了别人无法得到的。

1880 年，海伦·凯勒出生于美国亚拉巴马州的一个小镇，她从小聪明过人，但在 19 个月大的时候，一场暴病残酷地夺去了她的视、听、说能力。后来她在家庭教师莎莉文小姐的帮助下，靠着日复一日、年复一年地奋力拼搏，不但学会了读书、写作、说话，而且上了大学，并最终克服常人无法想象的困难，成为一名举世瞩目的大作家，著有《我生活的故事》等共 14 部作品，许多国家授予了她荣誉学位和勋章。她的著作不仅被译成了布莱叶盲文，而且还译成了其他各种语言在全世界出版发行，她的事迹不但鼓舞了全球的残疾人，而且也鼓舞着无数健全的人。透过她那传奇的人生经历，人们对她身上那坚强的品质钦佩不已，这个双目失明的聋哑人，战胜三重残疾而创造了人生辉煌的传奇般经历，激励着一代又一代的人去为美好的明天而努力，去寻找自己在困境中更辉煌的生存方式。

海伦是不幸的，但因为这种不幸，使得她更渴望得到一种承认。所以，可以说苦难给了她不幸，同时也教给了她微笑面对生活让自己创造奇迹的勇气。相对于海伦而言，我们多数人是幸运的，而我们没有做出太大的成就是因为我们大多数人都存在着心理惰性。当然，也不是说因为有了类似海伦的经历就是好的，而是说这个世界其实一直都在遵守着能量守恒定律，生活让你失去了一部分，就必然会在另一部分中给你补偿。

有一个十岁的小男孩在一次车祸中失去了左臂，但是他很想学柔道。最终，小男孩拜一位日本柔道大师为师，开始学习柔道。他学得不错，可是练了三个月，师父只教了他一招，小男孩有点弄不懂了。

一天，他终于忍不住问师父：“我是不是应该再学些其他招法？”师父回答说：“不，你只需要会这一招就够了。”小男孩并不是很明白，但他很相信师父，于是就继续照着练了下去。

几个月后，师父第一次带小男孩去参加比赛。小男孩自己都没有想到居然轻轻松松地赢了前两轮。第三轮稍稍有点艰难，但对手还是很快就变得有些急躁，连连进攻，小男孩敏捷地施展出自己的那一招，又赢了。就这样，小男孩迷迷糊糊地进入了决赛。

决赛的对手比小男孩高大、强壮许多，也似乎更有经验。关键时刻，小男孩显得有点招架不住了。裁判担心小男孩会受伤，就叫了暂停，还打算就此终止比赛。然而师父不答应，坚持说："继续下去!"

比赛重新开始后，对手放松了戒备，小男孩立刻使出他的那招，制服了对手，最终获得了冠军。

在回家的路上，小男孩和师父一起回顾每场比赛的每一个细节，小男孩鼓起勇气道出了心里的疑问："师父，我怎么能仅凭一招就赢得了冠军?"

师父答道："有两个原因，第一，你几乎完全掌握了柔道中最难的一招；第二，据我所知，对付这一招唯一的办法是对手抓住你的左臂。"

生活就是这样，有时缺陷可以变成优势。所以，当你拥有缺陷时，不要为此忧伤，因为生活本来就有它的两面性。谁都无法逃离这个规则。

毋庸置疑，在人这一生中，必然要经历无数的失去，当我们失去了曾经拥有的美好时光，我们总是会更加感叹人生路的难走。其实大可不必如此，不管人生的得与失，我们都应致力于让自己的生命充满亮丽与光彩。

不再为失去掉眼泪，笑对明天的生活，努力活出自己的精彩，前途也会是一片光明。

有道是“塞翁失马，焉知非福”，很多人因为失去才有了更好的获得，比如断臂而有维纳斯的不朽，失明而有《二泉映月》，瘫痪而有《钢铁是怎样炼成的》……这些故事都告诉我们，生活中其实没有什么东西是不能放手的。

昨日渐远，你会发现，曾经以为不可放手的东西，只是生命中的一块跳板而已，跳过了，你的人生就会变得更精彩。人在跳板上，最艰难的不是跳下来的那一刻，而是在跳下来之前，心里的犹豫、挣扎、无助和患得患失，那种感觉只有自己才能体会得到。同样，没有什么东西是不可或缺的，学会为所失去的感恩，幸福的阳光就会洒满你的心扉。

禅意人生

得到与失去、追求与放弃，是现实生活中再平常不过的事情了，我们应该以一种平常、豁达的心态去看待。正所谓“祸兮福之所倚”！当我们遭受磨难时，请敞开胸怀、放眼未来，不要悲观，不要抱怨，这便是“福”的开端。

身心无碍，是为大得

人生苦短，不要成为欲望的奴隶。一生为满足永不歇止的欲望而活，是非常悲哀的，学会将欲望放得淡些，不要一味追求欲望，而忽略健康。

财利，是人人所喜欢的，可是日日在病，财利无法受用，还要破费财利。所以一个人健康，便算是有大财大利的了。有了健康才有求得其他一切的可能。

在现实生活中，对于健康与事业、金钱、地位等的关系，我们可以做一个形象的比喻——如果“1000000000”代表我们全部美好人生的话，那么“1”就代表健康，而那些“0”则代表事业、金钱、地位、权力、快乐、家庭、爱情、房子……我们会发现，如果失去了健康的“1”，一切将等于“0”。只有拥有健康的身体，才能拥有并享用这些身外之物。健康是人生之根本。可以说，健康是人的幸福最重要的成分，人的幸福十之八九有赖于健康的身心。

1936 年，美国好莱坞影星利奥·罗斯顿在英国一次演出时，因患心肌衰竭被送进了伦敦一家著名的医院——汤普森急救中心，因为他的疾病起因于肥胖，当时他体重 385 磅，尽管抢救他的医生使用了当时医院最先进的药物和医疗器械，但最终还是没有能够挽留住他的生命。他在临终时不断自言自语，一遍遍重复道："你的身躯很庞大，但你的生命需要的仅仅是一颗心脏。"

汤普森医院的院长为一颗艺术明星过早地陨落而感到非常伤心和惋惜，他决定将这句话刻在医院的大楼上，以此来警策后人。

1983 年，美国的石油大亨默尔在为生意奔波的途中，由于过度劳累，患了心肌衰竭，也住进了这家医院。一个月之后，他顺利地病愈出院了。出院后他立刻变卖了自己多年来辛苦经营的石油公司，住到苏格兰的一栋乡下别墅里去了。1998 年，在汤普森医院百年庆典宴会上，有记者问前来参加庆典的默尔："当初你为什么要卖掉自己的公司？"默尔指着刻在大楼上的那句话说："是利奥·罗斯顿提醒了我。"

后来在默尔的传记里写有这样一句话："巨富和肥胖并没有什么两样，不过是获得了超过自己需要的东西罢了。"

的确，多余的脂肪会压迫人的心脏，多余的财富会拖累人的心灵。因此，对于真正享受生活的人来说，任何不需要的东西都是多余的，他们不会让自己去背负这样一个沉重的包袱。人如果想活得健康一点、自在一点，任何多余的东西都必须舍弃。金钱对某些人来说，可能很重要，但对某些人来说，一点也不重要。不要做金钱的奴隶，金钱不是万能的，它不能买到世间的一切。

何谓健康？一般而言，体魄强壮谓之健，平安无病谓之康。综合而言，身体强壮，平安无病就是健康。人皆喜欢健康，人皆希望健康，人皆需要健康。但如何获得健康，又如何才是真正的健康？

一般学说，将人之健康分为生理及心理两方面。身体无病，饮食正常，是生理健康；思想正常，行为合理，是心理健康。佛教认为人的身体由四大元素组织而成，其中一大不调，便百病丛生，必须四大调和，身体轻安，才是生理健康。至于心理，思想正常，行为合理，的确是健康。不过，问题是人的思想互异，究竟谁是正常，谁不正常？至于人的行为，又究竟是谁合理，谁不合理，由谁来评定？因为人世间的事，大都仅凭人的妄想，或情感执着的意念而定，既缺乏真理的基础，又无一定的准则，往往以众取胜，人皆如此，便谓之“正常”，人皆如此，就算“合理”。

的确，精神对于人生是非常重要的，人生的幸福系之于人的精神，精神的好坏又与健康息息相关。这只要想想我们对同样的外界环境和事件，在健康强壮时和缠绵病榻时的看法及感受如何不同，即可看出。使我们幸福或不幸福的，并非客观事件，而是那些事件给予我们的影响和我们对它的看法。就像伊皮泰特斯所说：“人们不受事物影响，却受别人对事物看法的影响。”一般说来，人的幸福十之八九有赖健康的身心。

所以，世间没有任何事比身心的健康更重要了。

禅意人生

欲望不应该是罪恶的根源，但如果欲望让人食之无味，彻夜难寐，那它就会成为戕害你的刽子手。遗憾的是，在很多人心中，对于欲望的执着追求，永远都无法满足，这就是人们常说的贪婪。这类人或许能够得到很多财富，但却因此失去了健康、快乐，未免太不值得。

第九辑

清心寡欲，便无纷扰纠缠

宇宙与人，皆有五类：色、受、想、行、识，合为五蕴。物质世界的五蕴炽盛，引诱着人的五蕴炙盛，于是种种贪欲翻卷了起来，将人掀入欲望的三千弱水之中，一沉一浮。所谓的只取一瓢饮，成了昏黄卷册中一句死气沉沉的偈语，丧失了当年棒喝震耳的亢然音效。那一根空心的芦苇，再渡不起我们沉重的身躯。

千金难买人快乐

任何时候我们都不可远离生活中的真善美，不能被金钱所奴役，必须保持一颗不被铜臭所玷污的心，这样才能永远与快乐同行。否则，对金钱和财富的欲望会让我们堕入痛苦的深渊。

自以为拥有财富的人，其实是被财富所拥有。金钱不应该是罪恶的根源，但如果金钱让人白天吃不香，夜里睡不着，那它就已经成为戕害你的刽子手。偏偏对许多人来说，金钱不管拥有多少，总觉得还是不够，这就是过于贪婪了，太不值得了。

所以，我们要做金钱的主人，不要被金钱所奴役！换句话说，就是不要被金钱束缚。钱只有在使用时，才会产生它的价值，假如放着不用，就根本毫无意义。一个人一旦钻进钱眼里，就是把自己送进了陷阱。人生需要金钱，更需要快乐，有了金钱也许会有更多的快乐，但用快乐去换取金钱可能就不值得了。生活中除了金钱还有其他更有意义的事情，不要一心想着钱，有时候金钱也是有毒的。如果把钱财看得太重，结果往往是对自己无益的。最终金钱不但不是为自己服务，自己反而被金钱所奴役。

很久以前有一个财主，生意做得特别大，每日算计、操心，有很多烦恼。挨着他家的高墙外面，住了一户很穷的人家，夫妻俩以做烧饼为生，却有说有笑，幸福美满。

财主的太太心生忌妒，说道："我们还不如隔壁卖烧饼的两口子，他们尽管穷，却活得非常快乐。"财主听了，便说："这个很容易，我让他们明天就笑不出来。"于是，他拿了一锭50两重的金元宝，从墙上扔了过去。那夫妻俩发现地上不明不白地放着一个金元宝，心情立即大变。

第二天，夫妻俩商议，如今发财了，不想再卖烧饼了，那干点什么好呢？一下子发财了，又担心被别人误认为是偷来的。夫妻俩商量了三天三夜，还是找不到最好的办法，觉也睡不安稳，当然别人也就听不到他们的说笑声了。

财主对他的太太说："看！他们不说笑了吧？办法就是这么简单。"

"金钱永远只能是金钱，而不是快乐，更不是幸福。"这是希尔的一句名言。假如一个人只盯着金钱，那么他很容易就会掉进金钱的陷阱里。我们都要小心控制自己对金钱的欲望，在生活中，没有钱什么事情也不好办，但是如果有了钱而不去合理地花销，也是一文不值。

像上文中的那对夫妻，在庆幸得到金子的同时，却失去了生活中原有的快乐，岂不是非常的得不偿失？由此我们说，真正的快乐与金钱无关！

要知道，幸福和快乐原本是精神的产物，期待通过增加物质财富而获得它们，岂不是缘木求鱼？当我们为了拥有一辆漂亮小汽车、一幢豪华别墅而加班加点地拼命工作，每天半夜三更才拖着疲惫的身体回到家里；为了涨一次工资，不得不默默忍受上司苛刻的指责，日复一日地赔尽笑脸；为了签更多的合同，年复一年日复一日地戴上面具，强颜欢笑……以至于最后回到家里的是一个孤独苍白的自己，长此以往，终将不胜负荷。最后悲怆地倒在医院病床上的，一定是一个百病缠身的自己。此时此刻，我们应该问问自己：“金钱真的那么重要吗？”有些人的钱只有两样用途：壮年时用来买饭吃，暮年时用来买药吃。

所以说，人生苦短，不要总是把自己当成赚钱的机器。一生为赚钱而活着是非常悲哀的，学会把钱财看得淡些，不要一味地去追求享受。要做金钱的主人，不要做金钱的奴隶，最有效的办法是用自己的双手创造财富的同时，不妨多一点休闲的念头，不要忘了自己的业余爱好，不妨每天花点时间与家人一起去看场电影，去散散步，去郊游一次……如果这样，生活将会变得丰富多彩，富有情趣；心灵会变得轻松惬意，自由舒畅；生命会变得活力无限。

有钱固然是好，但是大量的财富却是桎梏。如果你认为金钱是万能的，你很快就会发现自己已经陷入痛苦之中。我们应该把自己放在生活主人的位置上，让自己成为一个真正的、完善的人。只有一个懂得享受生活情趣的人，才能让幸福快乐长久地洋溢在心间。

禅意人生

其实生活的心态是一柄双刃剑，我们通常把拥有财产的多少、外表形象的好坏看得过于重要，用金钱、精力和时间去换取一种令外界羡慕的优越生活和无懈可击的外表，自己却丝毫没有察觉自己的内心在一天天地枯萎。

贫不慕人，富不骄人，冷眼观贫富

幸福绝对与贫富无关，其实很多时候人并不知道自己真正想要的是什么。有时，财富来得太容易、太快，令许多人准备不足，于是他们背负着沉重的财富上路，去寻找心中所谓的幸福，可是幸福总是显得遥不可及。很多有钱人其实也很烦恼，因为对于他们而言，财富以及消费有时只是一种方便，而非幸福。

六祖慧能曾说："无忆无著，不起诳妄，用自真如性。"又言："于一切法，不取不舍，即是见性成佛道。"从惠能禅师的这两句话中不难发现，它们表达了一个共同的禅意："贫不慕人，富不骄人，冷眼观贫富。"

寒山禅师也曾作偈《东家一老婆》来指导人们应该如何看待贫富：

东家一老婆，富来三五年。

昔日贫于我，今笑我无钱。

渠笑我在后，我笑渠在前。

相笑傥不止，东边复西边。

寒山禅师这首诗偈寓意很深。以生活中一种常见的社会现象，提出令人深思的严肃问题。过去被我看不起的穷者，富了之后反笑我寒酸。我笑他在前，他笑我在后，笑与被笑的位置不断变换，必将陷入无穷的悲与喜的轮回之中。然而一旦做到了既不因贫贱羡人，也不以富贵骄人，超脱于世俗的祸福之外，唯求自心清静，律己自重，这样就不会陷入“东边复西边”的无尽烦恼之中了。

其实富者无非在某些时候或某些方面抓住了机遇，成为了富人，然而为富不仁、弃贫爱富就是贫困的另一种表现，而这种表现让整个社会都厌恶。以贫富论英雄，是一种狭义的贫富观。中国著名的数学家陈景润算是穷到家了，但是谁又能鄙视陈景润呢？还有历代以来的那些清官、廉官，谁又能说他们无能而鄙视他们呢？

那些贫穷一点的人更应该看清自己的位置，不要盲目自卑，更不要因为贫穷而丢掉某些富人们所不拥有的“富裕”。作为不富裕的人，一定要成功地理解穷，思考为何会穷？千万不要轻信富人的杜撰、成功者奋斗的历史，道理很简单：别人的衣裳不一定适合自己穿。当我们发现，努力了、奋斗了，依然不富时，那穷就不是我们的错了。

可以说，世界没有绝对的穷人，也没有绝对的富人。以金钱分也只是一个局部，而我们面对的是人，是人生活的方方面面。但我们在金钱上的缺失，这肯定是“硬伤”，但当注定我们在这方面是矮子时，我们为何偏要从短处较劲，而不去在其他方面发挥优势呢？

因此说，不管是富人还是穷人，都不要因为自己身处的位置而骄傲或者自卑、鄙视或者羡慕，正如一句广告词说的“每个人都有自己的舞台”，只要自己正视这点，我们都将是富有的人。

倘若我们暂时富裕，切莫鄙视或嫌弃那些不如我们的人；如果我们暂时贫穷或者稍不如意，同样不必去羡慕那些整天开车、忙于应酬的人。正是由于生活是自己的，我们才能体会到那份只属于自己的幸福与甜蜜，而这绝对与贫穷或富裕没有必然的联系。

知足之足，常足矣

要调心，少欲知足是法宝，一切随缘是妙方。少欲知足，心就安泰；一切随缘，心就自在。心能安泰自在，自然心平气和。

做人，不可让过多的欲望堵塞心智，蒙蔽双眼。物欲过多，则灵魂变态，人将永不知足，以致精神上永无宁静、永无快乐。

知足常乐，任谁都能读懂的四个字，可真正做起来又是何其不易！大千世界、芸芸众生，有几人能够悟透这种境界？尤其是在这纷繁复杂的社会中，我们究竟怎样才能避开“不知足”的诱惑呢？俗语说“知足天地宽，贪则宇宙窄”。是的，只要我们放下肩头利欲的重担，拉住知足的手，珍惜所得到的所拥有的一切，就能在知足中进取，快乐便会永远陪伴左右。

可是，在浮躁的社会中，浮躁的自己往往很难按捺住这颗躁动的心，于是我们因为“不自知”不断地去争、去取、去夺，然而，成功和满足却依旧离我们那样遥远。即便真的很困、很累、很疲倦，但我们却从不肯让自己歇息片刻，而这一切只是为了“知足”。殊不知，凡事没有最好，只有更好，你若得陇望蜀，那么就永远也无法获得满足。

古希腊哲学家苏格拉底还是单身的时候，和几个朋友一起住在一间只有七八平方米的房子里，但他却总是乐呵呵的。有人问他：“和那么多人挤在一起，连转个身都困难，有什么可高兴的？”

苏格拉底说：“朋友们在一起，随时都可以交流思想，交流感情，难道不是值得高兴的事情吗？”

过了一段时间，朋友们都成了家，先后搬了出去。屋子里只剩下苏格拉底一个人，但他仍然很快乐。那人又问：“现在的你，一个人孤孤单单的，还有什么好高兴的？”

苏格拉底又说：“我有很多书啊，一本书就是一位老师，和这么多老师在一起，我时时刻刻都可以向他们请教，这怎么不令人高兴呢？”

几年后，苏格拉底也成了家，搬进了七层高的大楼里，但他的家在最底层，底层的境况是非常差的，既不安静，也不安全，还不卫生。那人见苏格拉底还是一副乐呵呵的样子，便问：“你住这样的房子还快乐吗？”

苏格拉底说：“你不知道一楼有多好啊！比如，进门就是家，搬东西方便，朋友来玩也方便，还可以在空地上养花种草，很多乐趣呀，只可意会，无法言传。”

又过了一年，苏格拉底把底层的房子让给了一位朋友，因为这位朋友家里有一位偏瘫的老人，上下楼不方便，而他则搬到了楼房的最高层。苏格拉底每天依然快快乐乐。那人又问他："先生，住七楼又有哪些好处呢？"

苏格拉底说："好处多着呢！比如说吧，每天上下几次，这是很好的锻炼，有利于身体健康；光线好，看书写字不伤眼睛，没有人在头顶干扰，白天黑夜都非常安静。"

其实，知足也无非是在一念之间，当你得到了生命中正常所需，你感到满足，那么快乐即会随之而来；相反，倘若你所求的过多，永远不肯停止索求的脚步，那么你将很难感受到快乐。一个快乐的人并不一定要多富有、多有权势的，快乐的理由很简单——懂得知足。须知，幸福的真谛就是快乐，而快乐又往往来源于知足！知足会使你的生活变得更加简约，会为你卸去那些不必要的负担，开阔你的视野、放松你的身心，使你成为真正的自己，享受真实的自己，过上轻松惬意的生活。

然而，今时今日，消费文化助长了不满，使人们对物质的渴望日益增强，知足似乎已经成为相当困难的事情。要想达成这种心态，毫无疑问需要一个属于自己的过程去历练，而每个人的人生轨迹又不尽相同，所以说如何获得知足心态，并没有什么放之四海皆准的方法。但大体上说，仍有几个关键要素可助我们走向生命中的知足：

首先，心怀感恩。一个懂得感恩的人才会看重生命中所拥有的东西，而不是所缺少的。那么闲暇之余不妨静心想想，你的生命中已经拥有了什么，它们是不是值得你去感恩？请回答"是"。

其次，控制心态。不要总是想着“如果我得到……，该有多好”，试着去控制自己的生活。请记住，幸福并不取决于物质，而是在于你以怎样的心态去生活。

再次，停止比较。不断地拿自己与他人做比较，这样只会使你陷入不满，因为这个世界上总有人在某一方面比你好。其实，每个人的人生都有好的一面，而别人的生活也从不像你想象得那般美好。所以请记住，你的生活其实一直也是不错的。

总而言之，人生短短数十载，真的没有必要给自己的心灵增加太多的负担，更没有必要对生活产生太多的不满。生活免不了存在缺陷，只要能够珍惜“我所有”，让自己拥有一颗知足的心，以一颗平常心去寻找生活中快乐的亮点，你的内心就一定能够阳光永驻。如此，生活就不会那般沉重，更不会让你充满怨言。

所以，请知足吧！生命是何其短暂，我们何必要用欲望来折磨自己？人生知足才能常乐！常乐才能幸福。

禅意人生

其实布衣茶饭，也可乐终身。人生在世，贵在懂得知足常乐，要有一颗豁达开朗平淡的心，在缤纷多变的生活中，拒绝各种诱惑，心境变得恬适，生活自然就愉悦了。而人之所以有烦恼，就在于不知足，整天在欲望的驱使下，忙忙碌碌地为着自己所谓的“幸福”追逐、焦灼、钩心斗角……结果却并非所想。

安贫乐道不为穷

富而不悦者常有，贫而忌忧者亦多。安贫乐道，不为物欲所驱，方能具入世之身而怀出世之心。

佛家所说的“空无”，并不是一无所有，它只是让人们减少对物质的依赖，这样反而能照见内心无限的宝藏。而有些人却不懂得安分，即使有了财富、情色、名位、权势，他们仍然在不停追逐，常常压得自己喘不过气来。于是，他们经常莫名其妙地陷入一种不安之中，而找不出合理的理由。面对生活，他们的内心会发出微弱的呼唤，只有躲开外在的嘈杂喧闹，静静聆听并听从它，才会做出正确的选择，否则，将在匆忙喧闹的生活中迷失，找不到真正的自我。为了舒缓心情，有的人借着出国旅游去散心解闷，希冀能求得一刻的安宁，但终究不是根本之策。

佛经上说“少一分物欲，就多一分发心；少一分占有，就多一分慈悲”，这是禅者的安贫乐道。翻开禅史，会发现有的禅师，下一顿的饭还没有着落，却仍然悠闲地说：“没有关系，我有清风明月！”有的禅师，则是皇帝请他下山却不肯，宁愿以山间的松果为食，与自然同在。正所谓：“昨日相约今日期，临行之时又思维；为僧只宜山中坐，国事宴中不相宜。”

一位富翁来到一个美丽寂静的小岛上，见到当地的一位农民，就问道："你们一般在这里都做些什么呀？"

"我们在这里种田过活呀！"农民回答道。

富翁说："种田有什么意思呀，而且还那么辛苦！"

"那你来这里做什么？"农民反问道。

富翁回答："我来这里是为了欣赏风景，享受与大自然同在的感觉！我平时忙于赚钱，就是为了日后要过这样的生活。"

农民笑着说："数十年来，我们虽然没有赚很多钱，但是我们却一直都过着这样的日子啊！"

听了农民的话，这位富翁陷入了沉思……

也许，生活简单一点，心里负荷就会减轻一些。外出到远方，眼前的繁华美景，不过是一时的安乐，与其辛苦地去更换一个环境，不如换一个心境，任人世物转星移，沧海桑田，做个安贫乐道、闲云野鹤的无事人。

所以，人要真正获得自在、宁静，最要紧的就是安贫乐道。孔子的"申申如也，夭夭如也"是一种安贫乐道；颜回"一瓢饮，一箪食，人不堪其忧，而回亦不改其乐"，也是一种安贫乐道；东晋田园诗人陶渊明"采菊东篱下，悠然见南山"亦是一种安贫乐道；近代弘一法师"咸有咸的味，淡有淡的味"还是一种安贫乐道。安贫乐道，无疑是一种极为高明的生活态度。即，遇茶吃茶，遇饭吃饭，积极地接受生活，享受生活，因为只有这样，才能体会到生活中的快乐。

那么，如何才能做到安贫乐道呢？我们需要认识到，幸福与快乐源自内心的简约，简单使人宁静，宁静使人快乐。人心随着年龄、阅历的增长而越来越复杂，但生活其实十分简单。保持自然的生活方式，不因外在的影响而痛苦抉择，便会懂得生命简单的快乐。

世界上的事，无论看起来是多么复杂神秘，其实道理都是很简单的，关键在于是否看得透。生活本身是很简单的，快乐也很简单，是人们自己把它们想得复杂了，或者人们自己太复杂了，所以往往感受不到简单的快乐，他们弄不懂生活的意味。

换而言之，是我们对生活寄予了过高的期望。这些过高期望其实并不能给我们带来快乐，但却一直左右着我们的生活：拥有宽敞豪华的寓所；幸福的婚姻；让孩子享受最好的教育，成为最有出息的人；努力工作以争取更高的社会地位；能买高档商品，穿名贵的时装；跟上流行的大潮，永不落伍……要想过一种简单的生活，改变这些过高期望是很重要的。富裕奢华的生活需要付出巨大的代价，而且并不能相应地给人带来幸福。如果我们降低对物质的需求，改变这种奢华的生活时装，我们将节省更多的时间充实自己。清闲的生活将让人更加自信果敢，珍视人与人之间的情感，提高生活质量。幸福、快乐、轻松是简单生活追求的目标。这样的生活更能让人认识到生命的真谛所在。

我们常常听到这样的感叹：生活太累！快乐离我们太远。其实，不是快乐离我们太远，而是我们根本不知道自己和快乐之间的距离；不是寻找快乐太难，而是我们活得不够简单。

人生当中有太多的诱惑，如果我们在各种诱惑面前分不清、看不明，那么只能是盲目地随波逐流，为名利而身不由己地像陀螺一样不停地旋转，为了功名利禄、锦衣玉食不停地追求，等到喧嚣过后，一切归于寂静才发现自己已经是千疮百孔，连自己原本拥有的快乐都已经丢失掉了。

快乐就源自于自己的心底，是一种与财富、名利、地位无关的精神状态。有些人为了名利、财富、金钱而疲于奔命，有时候甚至置亲情、个人健康于不顾，最终丢失了亲情、透支了身体；在心里，生怕失去了任何一个可以利用的机会，却又逢人便感叹："唉，活得真累！"累什么呢？不就是累财、累名、累地位，累一己之得失、累个人的利益而已吗！怎么才能不累？这显然需要一颗安贫乐道的心。

禅意人生

世事沧桑变幻，贫富皆尽体味。一切铅华洗净之后，粗茶淡饭亦是人生真正的滋味。做人，应超脱尘世俗物的牵绊，看清人生真正最具价值的所在。"安贫乐道"，其真正含义并不是要我们安于贫困，它是一种生活理念。"贫"并非"食不果腹，衣不蔽体"，它所强调的是一种简约的生活态度。即，不奢望过高，不追求奢靡，以坚守自己的道德操守为乐，这便可以称之为"安贫乐道"。

不义富贵若浮云

做人，如果控制不了自己的欲望，那么就会成为欲望的奴隶，最终要被欲望所淹没。人之求利，情理之常，但君子爱财，应取之有道，如果放纵贪念，强取豪夺，只能让人唾弃，到头来更是得不偿失。

在佛家看来，财富乃是人福德的果报，其实佛法并不反对人们拥有财富，反而持支持态度。《法华经》中有云："资生业等，皆顺正法。"《智度论》十九曰："正命者，一切资生活命之具，悉正不邪。"换而言之就是，每个人都可以拥有无尽的财富，但你要有这样的福德，有这样的资格。

《大庄严论》也说："所谓少欲者，非必恶衣食，无诸资生具，以之为少欲。"其义为：少欲不一定要贫穷，也不是说怎么苦怎么来才是修行。不过，佛教对获取财富的方法也有讲究——"复有十业，能令众生得少资生报。一者自行偷盗；二者劝他偷盗；三者赞叹偷盗；四者见盗欢喜"。即，有十件事情会让人得到少资生报——缺东少西、贫困潦倒的果报，一是自己偷盗；二是劝人偷盗；三是赞叹偷盗；四是见到偷盗十分欢喜。

所谓偷盗，佛家的解释是"若他物、他物想、若重物、盗心、举离本处”。即，你知道那原本是别人的东西，却起了据为己有之心，并付之于行动，将其收入囊中，这便是偷盗。且不论你采取怎样的方法，是亲自动手还是指使别人，都不会得到好的果报，即便只是“见盗欢喜”也是会导致贫穷的。可见，偷盗在佛家看来是很大的罪孽，所以“不偷盗”一直是佛教的根本戒律之一。

这一点与儒家的“君子爱财，取之有道”颇有异曲同工之处。孔子说：“不义而富贵，于我如浮云。”孔子认为，“义”是一个人立足于世的根本。那些道德高尚的人重义轻利，他们必然会被世人所尊敬，而那些品行低下的人则多重利轻义，这样的人一定会被世人所唾弃。乍一看来，似乎在孔子的思想中，“义”与“利”是相对的，其实并非如此。利即利益、富贵，客观地说，没有任何一个人会讨厌得到利益，孔子也不例外。他曾表示，如果可以求得富贵，那么即使做个车夫也无所谓。不过他又强调，一个人无论对富贵多么渴望，但必须遵循一个原则——得之于正道。

由此可见，“利”与“义”本身并不冲突，关键是我们以怎样一种方式去得到利益，倘若摆在我们眼前的利益是符合“义”的，那么尽管去取便是；倘若这利益不符合“义”字，那么就不要被它所诱惑，而应毫不犹豫地远离它。

有一个专做老红木家具生意的古董商，在一处偏僻的小山村里，无意间发现了一个十分珍贵的老式红木旧柜子。他惊喜万分，但过后不久，古董商开始动了心思。他先是与柜子的主人闲扯聊天，然后又假装在不经意间、小心翼翼地扯到了柜子上，随后，开价500元人民币准备购买。

山里人从来没有见过这么多钱，他把古董商看得直发毛。最后，山里人终于同意了，古董商一颗“怦怦”乱跳的心才算稳了下来。

但他马上又开始后悔了。原来，当看到山里人这么爽快地答应下来，他就觉得自己吃亏了：“根本就不应该出500元，也许300元足够了。”但是，还不能反悔，这样很容易让对方看出破绽，于是，古董商不死心地围着房前屋后细细琢磨。

“真巧，居然找到了一把脏兮兮的红木椅子！”他对主人说，“这个柜子实在太破了，拿回去也修不好，只能当柴火烧。”

山里人喃喃道：“要不，你就别要了。”

古董商非常大度地一挥手：“说出的话，怎能随便咽回去？这样吧，你干脆把那把椅子也送给我算了。”

山里人本来就有些自感惭愧，听他这样说，当然感激地连忙点头。

古董商笑道：“那我明天早上再来取这些柴火。”

第二天一早，当古董商带着车来装运柜子和椅子时，看到门前有一堆柴火，山里人走出来说：“您大老远的来一趟不容易，我已经替你把柴火劈好了。”

“后来呢？”有人问古董商。

古董商非常平静地从书架上取出一根木头，用右手做了一个“八”字形，原来，除了500元木头款外，还支付了300元的劈柴费。停了一会儿，古董商非常认真地说：“其实，这800元应该算学费，因为从此我知道了过分贪婪将意味着什么。”

当道义与利益发生冲突时，正是对一个人道德操守的最大考验，遗憾的是，很多人在这种考验面前，都显得不是那么合格，更有人甚至完全弃道义于不顾，着实让人痛心疾首。案例中的古董商在“义”与“利”面前的表现，起初显然是不合格的，好在他最终迷途知返，给自己那颗被利益蒙蔽的心做了一番彻底的清洗。

正所谓“君子喻于义，小人喻于利”，千百年来，仁义与否一直是国人区分善人与恶人的根本标准，而仁义道德也一直是国人努力遵循的行为及生活准则。“仁”与“义”二者互为表里，言语行为都符合一个“义”字，则可称之为“仁”；内心常怀仁念者，则言行必能体现出“义”。在孔子看来，即便是吃粗粮野蔬，喝无味冷水，以臂为枕，也能够乐在其中，而以不道德的方式得来的富贵，对他而言就像浮云一样。这才是君子应有的人生态度。

古往今来，圣贤们也都在谆谆告诫后人，可以留意于物，但不能流连于物，更不能为物所役。诚然，欲望，人皆有之，而事实上欲望本身也并非都不好，可欲望一旦过了度，就会变成贪欲，人也随之成了欲望的奴隶。锁住欲望，就是锁住了贪婪！贪婪是灾祸的根源。过分的贪婪与吝啬，只会让人渐渐地失去信任、友谊、亲情等；物欲太盛造成灵魂变态，精神上永无快乐，永无宁静，只能给人生带来无限的烦恼和痛苦。

可见，每个人都必须要懂得控制自己的欲望，善待财富，切忌吝啬与贪婪；还要自由地驾驭外物，将钱财用之于正道，凭借自己的才能、智慧赚取钱财，去助人成就好事。

禅意人生

钱财乃身外之物，生不带来，死不带去；得之正道，所得便可喜，用之正道，钱财便助人成就好事。如果做了守财奴，一点点小钱也看得如性命，甚至为了钱财忘了义理，为一得失不惜毁了容颜、丢掉性命，那也就是为物所役，那“倒不如无此一物”了。

色欲如火炽

见到美色，唯恐心受到诱惑、连忙把眼睛挖出来是愚蠢的行为。因为心才是受诱惑的主角，邪恶之心如能斩断，作为配角的眼睛就不会输入邪恶了。

长久以来，在国人间一直流传着红颜祸水之说，譬如褒姒、譬如西施、譬如陈圆圆，均被蔑为覆国之根源。

其实，祸之根本不在美色，而在贪恋美色之人。客观地看，褒姒长得绝美这有错吗？褒姒不爱笑有错吗？试想，谁对着一个昏庸的君王能够笑得出来呢？而之所以会出现祸乱，还是因为周幽王、夫差之流控制不了自己的欲望，被美色冲昏了头脑，甚至不惜拿江山社稷开玩笑，才落得个亡国的下场。所以说，美色本无罪，而纵欲之人才是罪魁祸首。

我们不是了断尘缘的修行之人，根本不可能尽禁七情六欲；我们亦不是纵横天下的君主王侯，也谈不上美色祸国一说。不过同样，我们亦不可放纵色欲，因为很明显，它是破坏我们家庭幸福、和谐的最大隐患。然而在这个世界上，客观的诱惑又总是存在，盲目逃避显然是一种胆怯，频繁的追求则是一种放纵。所以对于爱，我们必须拥有一个正确的心态，要正视自己的婚姻、对自己及他人负责。

曾看过一部好莱坞大片，名字叫做《桃色交易》，片中讲述的是一对年轻夫妇的爱情故事。这对夫妇本是令人羡慕的一对，男的英俊潇洒，女的温柔漂亮，他们都受过很好的教育，有着不错的职业，两人非常恩爱，为了小家庭而努力工作。然而天有不测风云，经济大萧条来了，他们先后失业，一个月后，也将失去他们分期付款的房子。就在此时，一位亿万富豪闯入了他们的生活，这位富豪风度翩翩，优雅迷人，他对貌美如花的女主人公一见钟情，提出愿出 100 万元来与她共度一个良宵。起初，这对夫妇毫不犹豫地拒绝了他，但随后却陷入巨大的矛盾之中：就一夜，即可彻底摆脱目前所有的困境，而且在婚前又不是没有过别的约会……最后女主人公去了富豪的游艇……

但在这一夜后，两人无论如何也找不回原来恩爱的感觉，再没有从前的默契，心里都有一种失落感。是女人为家庭做出了牺牲，还是没有经受住诱惑？答案已经无法深究。两人分手了，那 100 万元也没有带来他们渴望的喜悦。当然，影片的结尾是两人经过一番波折后，又重归于好，因为他们仍然深爱着对方。

这种“桃色交易”只是电影中的一个故事而已，但不可否认的是，现实生活中我们也会有毫无预料的情况下经受婚姻外诱惑的考验。我们彼此深爱着对方，但却有位新的异性吸引了我们的目光。这种吸引是否正常，是否道德？应该说，这种吸引是正常人的正常反应。吸引毕竟只是一种心理上的反应，它使我们产生了一种对美好事物追求的幻想。但千万不能随便把这种幻想当成可以达到的目标而不顾一切地追求，这种追求是盲目的不负责任的，尤其在婚姻感情方面。因为一时情绪冲动做出有违社会道德的事，是非常愚蠢的。结婚是一种事实，但是它不会使我们深藏的人性完全隐匿起来，对于美的追求、对于刺激的向往都是时常可能发生的事情。尽管一个人可以被成千上万不同的人挑逗，例如，很多人会因为看到自己喜欢的电影明星而感到兴奋，但是大多数人绝对不会为享受这种情欲的幻想而毁了自己幸福的婚姻。作为婚姻的另一方，也应该对这种情绪的产生有所准备。毕竟我们每个人不可能同时具备那些吸引人的所有要素，所以当自己的妻子或者丈夫产生这种幻想的时候，我们不要过于气愤和紧张，不要过度地干涉，而要充分相信自己，相信对方的理性，相信共同的感情基础。

世间流传着这样一个传说，即在很早以前男女是合体的，但是由于某种原因触犯了上天的神灵，被天雷劈成了两半。所以人的一生都在寻找他（她）的另一半，尽管路途遥远而艰辛，尽管有的人找到了，有的人没有找到。而电影和电视剧也常顺着这个思路不断地重复相同的情节：有个特别的人在这个世界上的某个地方正在等着自己，当我们遇到这个冥冥之中注定要和我们在一起的人时，毕生的幸福就会降临在自己身上。当我们和这个人结合在一起的时候，我们不仅彼此深爱着对方，而且会忘了别人的存在，无视于别人的魅力。

这是一个多么幼稚的想法和逻辑啊！美丽动人的女人、英俊潇洒的男士都或多或少地会在我们心中激起一丝异样的感觉。只是人是有理性的动物，应该考虑自己的责任和做人的原则，不应像飞蛾扑火一样，为了一时的冲动，就可以做出不计后果的事来。你可以“恨不相逢未嫁时”，留下一份美丽的遗憾，恢复你正常的生活；你可以把他（她）当作偶尔投影在你波心的云彩，珍藏那一美丽的瞬间，潇洒地挥手走人。当然，你也有权利重新选择，进行家庭的重新组合。你确信现在的爱人不值得你去厮守，你是否应抛开一切去找寻你的幸福？当另外一个吸引人的异性出现，你会不会再重新选择？即使你想清楚了，做出这样一种决定，也一定要正大光明地讲出来，万不可苟且行事，否则你的结果一定非常惨淡。

做人当有该有的责任感，无论是男是女，对自己必须要有一份约束，在“乱花渐欲迷人眼”之时，静心想想放纵下去会给爱人带来何其残酷的感受，这是一个起码的道德问题。

禅意人生

背叛于情感中的任何一方而言，都是沉重而难解的。倘若不是思想上的主观意愿和心灵上的背叛，或许还可以视具体情况得到谅解，这便是爱的力量。但那伤害却不会消弭，甚至如影随形煎熬我们一生。爱虽能包容一时，但受伤的心却不知能否如往昔般贴紧……可叹，早知如此，何必当初！约束！这不仅是对爱人负责，也是对自己负责！

壁立千仞，无欲则刚

人为欲望所控制，亦可称之为懦弱，若要摆脱欲望束缚，非莫大勇气不可。此勇非争强好胜之勇，而是超脱世俗功利、追求更高生命价值的大智大勇。以此护身，则心魔不生，百毒不侵，是故有言："无欲则刚。"

手上抓的东西多了，最后你一样也抓不住。外物无限，但你的心力有限，好东西是要不完的，别让它们断送了自己。

孟子也说："养心莫善于寡欲。其为人也寡欲，虽有不存焉者，寡矣；其为人也多欲，虽有存焉者，寡矣。"意在告诫世人应收敛自己日益膨胀的欲望，不然品性将会变质，即所求越多，所失越大。对此，郑板桥也有自己独到的见解，他说："海纳百川有容乃大，壁立千仞无欲则刚。"意思是说：大海之所以无限宽广，是因为它可以容纳众多河流，这里借指人心；千仞绝壁之所以能够巍然耸立，是因为它没有世俗的欲望，借喻人只有做到清心寡欲，才能达到“大义凛然（刚）”的境界。清末民族英雄林则徐在禁烟时，将其作为自己的座右铭，意在告诫自己：只有广纳人言，才能博取众长，把事情做得更好；只有杜绝私欲，才能如大山般刚正不阿，屹立于世。林则徐授命于民族危难之际，以此来警醒自己，他所倡导的这种精神着实令人敬佩，对于后人而言也有莫大的借鉴意义。

事实上，欲是人的一种生活本能，人活于世，必然会有各种各样的欲望。从某种意义上说，欲望也是促使人上进的一种动力。所谓“无欲则刚”，并不是要人们彻底压抑欲望，而是要有尺度地克制私欲。人一旦能够克制住私欲，就能清心寡欲，淡泊守志；能够克制住私欲，就能刚锋永在，清节长存。相反，欲望过度，就会心生贪念。人一但与这个“贪”字挂钩，必然欲壑难填，攫求无已，最终导致纵欲成灾。

常言道“人若无欲品自高”，人若能够节制住欲望，品性自然会愈发趋于高尚，少染尘泥，便可如苍松翠柏般昂然而立，永不摧折。

公元 57 年 2 月东汉光武帝卒，太子刘庄继位，立马援之女为贵人，公元 60 年 2 月，又立贵人马氏为皇后。马皇后是个才貌双全、很有能力的女性。她在宫中熟读经史，尤其喜读《春秋》《楚辞》等著作。所以，涉及国家的重大政令，她总能提出自己比较高明的见解，使汉明帝很佩服。

马皇后没有生子，汉明帝因见她考虑事情周到，又有较高的修养，就把贾妃生的儿子刘炟送到她身边，由她抚养教育。马皇后则以自己的严格律己，教育、影响刘炟。她在生活上注意节俭，爱穿粗布衣服，衣裙也不华丽。在宫中，她经常对宫妃们说。粗布衣料容易染色而又大方耐用。所以，经她提倡宫廷生活一度变得严谨而俭省，后来的人们既尊敬她，又愿意接近她。汉明帝有时外出游乐，前呼后拥声势浩大，马皇后常常推说自己身体不适，不陪伴同行。

公元75年8月明帝卒，太子刘炟即位，是为汉章帝。马皇后被尊为皇太后。为了辅佐刘炟，使其了解前朝的历史，她开始撰写汉明帝起居注。马皇后的哥哥马防，曾任负责汉明帝健康以及用药方面的官吏，本应在起居注中提到一笔，但是，马皇后只字未提。章帝看了对太后说："我的舅舅在父皇身边忙碌一生，没有功劳也有苦劳，书中总该写上他。"马皇后却说："他们多尽些力是应该的。"

她从不凭借自己的地位，为亲戚谋私利。反之，她对兄弟们平日的言行要求非常严格。她曾向京城官吏们表示：如有马家兄弟违犯地方法令，请依法制裁并报告给我，他们若做了好事，也请给予表彰和赏赐；眼下他们都有一定的官职，如不称职或违法，就应当罢官，送回老家。

汉章帝初登基时，曾打算给几位舅父加封爵位，一些拍马屁的大臣也怂恿年轻皇帝这样做。马皇后却坚决不同意。章帝担心不封侯于众舅父，会使他们终生怀恨皇帝。马皇后经过反复认真地考虑，为章帝想了个两全其美的办法，她说："高祖时就有规定，没有军功者不能封侯，马氏兄弟目前还没有给国家立下什么军功。何况现在国家连年遭灾，谷价长了好几倍，我为这些事昼夜不安。你未成年时，一切依靠父母，现在你已成人即位了，就应该全力去实现你的志向，把国家治理好。只有这样，我才能放心。你应该鼓励你的舅舅们努力建功立业。”章帝听了这番话，深受感动，终于打消了给舅舅封侯的念头。他鼓励舅舅们去沙场建立军功。公元 77 年 8 月，马防同耿恭率兵平定烧当羌。第二年，马防又大败西羌兵，年末，被任命为车骑大将军。

公元 79 年 6 月，为宫廷和国事操劳一生的马皇后得了重病。她不相信那些神巫邪术，也不欢迎人们为她而祈祷。不久，马皇后离开人世，死时才四十几岁。

马皇后的一生，可谓是行事公正、做人无私的一生。她虽贵为皇后，但并没有像大多数人那样卷入后宫的钩心斗角之中，不但留下了美名，同时也合情合理地维持了家族利益。而这一切是与她正确的为人处世之道分不开的。做人只有用理智控制住心中的私欲，才能做到刚毅正直，办事才能公正有度。这既是一种高洁的品行，也是一种做人做事的智慧。

试想，倘若我们不被那么多的私欲所左右，能够做到淡然处世，是不是就会少了很多羁绊和恩怨？从某种意义上说，人能控自私欲，也是对心灵的一种保护，从而使心灵充满阳光，以一种平和的心态去面对人生中的种种，如此便能活得更为轻松、更为幸福。

遗憾的是，很多人太执着，多数人看不透，是故沉迷于功名利禄之中，身心俱疲、无法自拔。须知，境由心生，欲望太多，人便会受控于此，在欲望中折腾沉浮，无所不用其极，致使人生逐步踏入歧途，心灵亦因此被折磨得千疮百孔，最终留下的或许只有悔恨和遗憾。

正所谓“人心不足蛇吞象”，古往今来，多少人因为欲望沟壑难填，而弃礼义廉耻、恩情道义于不顾，不择手段地索取，最终身败名裂，甚至踏上黄泉，这是不是该让我们有所警醒呢？孔子说：“枨也欲，焉得刚？”一针见血地指出人性中的一大弱点——“吃人家的嘴软，拿人家的手短”。这种现象在当今社会也并不少见，某些人一旦在欲望的驱使下，以非正常方式从别人那里得到利益，那么在对方面前他就很难刚强起来了，也因而做出一些丧失原则，甚至是有违法律道德的事情。

于是有人感叹自己不够刚强，不能秉公办事，譬如一些有靠山的下属即便犯了错，也不敢按章办事、合理处罚。仔细想想，这难道不是“欲”在作怪吗？倘若我们真能做到无欲无私，又何惧得罪人，又有什么理由向别人的错误妥协呢？

权欲、官欲、钱欲、色欲等，泛滥成灾的欲望往往是将一个人彻底毁灭的主要原因。但客观一点说，要做到无欲无求，真的是在强人所难。一般而言，一个人很难真正做到刚毅不屈、无私正直，其原因就在于心中还有私欲，而私欲又是人的一种本性。这种矛盾几乎存在于每一个渴望成就一番事业的人身上。因此，对于他们来说，用正直来压制私欲的过程就几乎成了奋斗的大部分内容。其实，不仅仅是名人志士需要如此，我们每个人都应该尽可能地去控制自己心中的欲望，令其守恒在一个合理的尺度上，因为欲望一旦多了、大了，势必会生贪心，贪心一生则心窍易迷，终至纵欲成灾。而少了世俗的欲望，人才能变得愈发刚强耿直。

禅意人生

“人生在世屈指算，难活三万六千天，家有房屋千万座，睡觉只需三尺宽，家有衣物千万件，死后不能件件穿”。很多东西，我们真的不必再追求，很多东西我们拥有的已足够。欲望太盛，往往是害人又害己。当一个人为满足贪欲而折腰时，他便已经没有了灵魂。为人、做官，唯有寡欲，才能在物、利、色面前保持足够的清醒，头不昏、心不乱，从而做个顶天立地、刚正不阿的人。

第十辑

甘于淡泊，平淡方知真味

修行要有耐性，要能甘于淡泊、乐于寂寞。就是要人在修行时摒弃杂念，弃嗔痴心，持淡泊心，不为名利所动，不为钱色所诱。心似白云，意如流水，沏一壶清茗，闲看花开花落，漫随云卷云舒。心无牵挂，开阔空明，让一袭云水心胸超然于外，乐得洒脱自在。

宁受一时寂寞，毋取万古凄凉

滚滚红尘中，谁能耐得住寂寞，淡看风花雪月事？达人当观物外之物，思身后之身。宁受一时之寂寞，毋取万古之凄凉！

赵州从谂禅师曾问乃师南泉："什么是道？"

南泉回答："平常心是道。"

任何学问，无论是佛道、儒道，还是政道、商道，修到最高境界，都只是一颗平常心。

什么是平常心？坚守正道，看淡成败得失，看淡尊卑荣辱。

一个能够坚守道德准则的人，也许会寂寞一时；一个依附权贵的人，却会有永远的孤独。心胸豁达宽广的人，考虑到死后的千古名誉，所以宁可坚守道德准则而忍受一时的寂寞，也绝不会因依附权贵而遭受万世的凄凉。

西汉扬雄世代以农桑为业，家产不过十金，"乏无儋石之储"，却能淡然处之。他口吃不能疾言，却好学深思，"博览无所不见"，尤好圣哲之书。扬雄不汲汲于富贵，不戚戚于贫贱，"不修廉隅以徼名当世"。

四十多岁时，扬雄游学京师。大司马车骑将军王音"奇其文雅"，召为门下史。后来，扬雄被荐为待诏，以奏《羽猎赋》合成帝旨意，除为郎，给事黄门，与王莽、刘歆并立。哀帝时，董贤受宠，攀附他的人有的做了二千石的大官。扬雄当时正在草拟《太玄》，泊如自守，不趋炎附势。有人嘲笑他，“得遭明盛之世，处不讳之嘲”，竟然不能“画一奇，出一策”，以取悦于人主，反而著《太玄》，使自己位不过侍郎，“擢才给事黄门”，何必这样呢？扬雄闻言，著《解嘲》一文，认为“位极者宗危，自守者身全”，表明自己甘心“知玄知默，守道之极；爱清爱静，游神之廷；惟寂惟寞，守德之宅”，决不追逐势利。

王莽代汉后，刘歆为上公。不少谈说之士用符命来称颂王莽的功德，也因此授官封爵。扬雄不为禄位所动，依旧校书于天禄阁。王莽本以符命自立，即位后，他则要“绝其原以神前事”。可是甄丰的儿子甄寻、刘歆的儿子刘却不明就里，继续作符命以献。王莽大怒，诛杀了甄丰父子，将刘发配到边远地方，受牵连的人，一律收捕，无须奏请。刘曾向扬雄学作奇字，扬雄不知道他献符命之事。案发后，他担心不能幸免，身受凌辱，就从天禄阁上跳下，幸好未摔死，后以不知情，“有诏勿问”。

道德这个词看起来有点高不可攀，但仔细回味，却如吃饭穿衣，真切自然，它是人人所恪守的行为准则。在中国历史的发展过程中，才人辈出，却大浪淘沙，说到底，归于文格、人格之高低。真正有骨气的人，恪守道德，甘于清贫，尽管贫穷潦倒，寂寞一时，终受人赞颂。

不少现代人畏惧寂寞，其实，它可使浅薄的人浮躁，使空虚的人孤苦，也可使睿智的人深沉，使淡泊的人从容。

北宋文豪苏轼因“乌台诗案”被贬至黄州为团练副史四年后，

写下一篇短文：

“元丰六年十月十二日，夜，解衣欲睡，月色入户，欣然起行。念无与为乐者，遂至承天寺，寻张怀民。怀民亦未寝，相与步于庭中，庭下如积水空明，水中藻荇交横，盖竹、柏影也。何夜无月？何处无竹柏？但少闲人如吾两者耳。”

透过寂寞，我们品咂出几分潇洒、几分自如。

古今中外，智者们往往独守这份寂寞，因为他们深知，最好的往往是最寂寞的。亦如洪应明在《菜根谭》中写的那样：“做人无甚高远事业，摆脱得俗情，便入名流；为学无甚增益功夫，减除得物累，便超圣境。”其意为：做人并不一定需要成就什么了不起的事业，能够摆脱世俗的功名利禄，就可跻身于名流；做学问没有什么特别的好办法，能够去掉名利的束缚，便进入了圣贤的境界。

面对生活中的信誉和荣誉，如何选择，如何放弃，不同的人有不同的答案。重道守义是衡量一个人品德的标志之一。倘若重道义，会令人信服而受人尊敬；若背信弃义，则会被人看轻而遭唾弃。不拘于俗世功名，不求闻达，不做违背良心之事，这样的人足以被称之为“贤者”。

做人若向往逍遥，率性而为，自然不会在乎钱财的富足与官爵的显赫，而寻求的是心无牵念，行为不羁。抛弃名利的心头枷锁，无论思想抑或理智皆能得到自由。甘受寂寞，潇洒云水，放浪春秋，亦是人生的真境界。

文人墨客超然脱俗者，月下听琴，清雅深沉，风致益幽。如今，情景难现，但心亦可穿越纷扰，回归那份难得的宁静。在穿过熙熙攘攘的街市以后，在带着一身的疲惫归家之时，摒弃乱耳之音，凝神静心，聆听一曲轻歌，该是何等的放松与舒展！

其实，寂寞是一种难得的感觉，在感到寂寞时轻轻地合上门和窗，隔去外面喧闹的世界，默默地坐在书架前，用粗糙的手掌爱抚地拂去书本上的灰尘，翻着书页，嗅觉立刻又触到了久违的纸墨清香。

禅意人生

“名乎利乎道路奔波休碌碌，来者往者溪山清净且停停”。减除物累，脱得俗情，能守寂寞，便可在汲汲营营、行止匆匆之后，捕获心灵的本真。于宁静中感悟人生，心中自有一股涓涓细流在舒缓地流淌，生命需要这种从容！

淡泊明志，宁静致远

岁月易老，人生若欲望太多，又怎能得快乐？生活中，若懂得一个“淡”字，自然会天高海阔。勤以修心，俭以养德，君子之行，淡泊明志，宁静致远，方为人生至乐。富贵奢侈，挥金如土，则使人慵懒自毁。

唐朝高僧寒山大师将自己多年修行的感悟以诗歌形式加以抒

发，颇有一番境界。其中一诗云：“登陟寒山道，寒山路不穷。”从字面上看，这是在说自己攀登寒山山道，而寒山高且陡，道路不绝，其中暗含禅意，意指修行之路永无尽头，佛的智慧博大精深、奥妙无穷。下两句“溪长石磊磊，涧阔草濛濛。苔滑非关雨，松鸣不假风”，看似在吟风弄月，实则亦有玄机，分明是在描绘参禅后淡泊宁静的悠远境界。最后一句乃点睛之笔，“谁能超世累，共坐白云中”，有谁能够从世俗物累中超脱，与我共同打坐白云中？在这里，白云并非实指，而是象征佛学的至高意境。由诗可见，寒山大师当时的修行已达到心中空明的境界，心无杂念，一心求佛。

其实在我国，“淡泊宁静”历来便备受推崇。“老子”曾言“恬淡为上，胜而不美”，后人更是对这种“心神恬适”的意境向往不已，一如香山居士的“身心转恬泰，烟景弥淡泊”，就是对“心无杂念、凝神安适、不拘得失”这种淡泊意念的诠释和传承。

“夫君子之行：静以修身，俭以养德。非淡泊无以明志，非宁静无以致远。夫学须静也，才须学也。非学无以广才，非静无以成学。慆慢则不能研精，险躁则不能理性。年与时驰，意与日去，遂成枯落，多不接世。悲守穷庐，将复何及！”这是诸葛亮的《诫子书》，千年之后我辈读起，仍有清新澄澈之感侵入心头，似一汪圣水在洗涤心灵。遥想孔明当年，必是在草庐之中久念此语，参悟着人生的真谛。

那时的孔明尚不得志，然不为志所屈，故隐于襄阳城西隆中山静待机缘。他依山结庐，潜心耕读，精研时势，广交名士。他读史于清风明月之中，对弈于竹林涧石之旁，不问名利，不求闻达，胸中旷世之才，已在那青山绿水、一张一弛间浑然成就。

那一年，刘皇叔三顾茅庐，向孔明讨教匡汉之道。孔明有感于皇叔至诚，遂道出胸中浩瀚韬略，言若想一统寰宇，必先联吴抗曹，成天下三分之势，世称“隆中对”。从此，刘备的事业出现了转机。

也是那一年，孔明随皇叔而去，走时仍不忘叮嘱家人切勿荒废农事，此去若大业有成，届时再归于田园，享这恬适之乐。这一去，造就了“鞠躬尽瘁，死而后已”的一代名相。这一去，孔明再未回还，身后未留下一分私财，却留下了流芳千古的美名，以及那一句时时警示后人的“非淡泊无以明志，非宁静无以致远”。从此，“淡泊明志，宁静致远”便成了君子修身养性的一条准则。

然而，人性毕竟太过软弱，常禁不起功名利禄的诱惑。于是有人贪恋富贵，遂被富贵折磨得寝食难安；于是有人沉迷酒色，从此陷入酒池肉林，日益沉沦；于是有人追逐名利，致使心灵被套上名缰利锁，面容骤变，一脸奴相……试想，倘若众生心中能够多一些淡薄，能参透“人闲桂花落，夜静春山空。月出惊山鸟，时鸣春涧中”的意境，是不是就能在宁静中得到升华，抛弃了尘滓，从此变得清澈剔透？

纵观古今圣贤，无不以“淡泊、宁静”为修身之道，在他们看来，做人，唯有心地干净，方可博古通今，学习圣贤的美德。若非如此，每见好的行为就偷偷地用来满足自己的私欲，听到一句好话就借以来掩盖自己的缺点，这种行为便成了向敌人资助武器和向盗贼赠送粮食了。

金圣叹是明末清初的一位大文人，他满腹才学，却无心功名八股，安心做个靠教书评书养家糊口的“六等秀才”。在独尊儒术、崇尚理学的时风中，他偏偏钟爱为正统文人所不齿的稗官野史，被人称为“狂士”“怪杰”，他对此全不在意，终日纵酒著书，我行我素，不求闻达，不修边幅。当时人记载，说他常常饮酒谐谑，谈禅说道，能三四昼夜不醉，仙仙然有出尘之致。

清顺治十八年二月，清世祖驾崩，哀诏发到金圣叹家乡苏州，苏州书生百余人借哭灵为由，哭于庙，为民请命，请求驱逐贪官县令任维初，这就是震惊朝野的“哭庙案”。清廷暴怒，捉拿此案首犯 18 人，均处斩首。金圣叹是为首者之一，自然也难逃灾厄，但他毫不在乎，临难时的《绝命词》，没有一个字提到生死，只念念不忘胸前的几本书，赴死之时，从容不迫，口赋七绝。《清稗类钞》记载，他在被杀当天，写家书一封托狱卒转给妻子，家书中也只写有：“字付大儿看，盐菜与黄豆同吃，大有胡桃滋味。此法一传，吾无遗憾矣。”

读书修学，在于安于贫寒心地安宁。美文佳作，却是人间真情。心地无瑕，犹如璞玉，不用雕琢，而性情如水，不用矫饰，却馥郁芬芳。读书寂寞，文章贫寒，不用人家夸赞溢美，却尽得天机妙味，体理自然。

可见，淡泊的意境并非遥不可及，重点在于认清淡泊的真义。对于淡泊的错误解读有两种，一种是躲避人生，一种是不求作为，前者消极避世、废弃生活之根本，却冠冕堂皇地冠以淡泊之名，淡泊由此成了一种美丽的托辞；后者将淡泊与庸碌相提并论，扭曲真意，于是淡泊不幸沦为不求上进、不求作为的借口，实在亵渎这种超脱的意境。

其实淡泊并非单纯地安贫乐道。淡泊实为一种傲岸，其间更是蕴藏着平和。为人若能淡看名利得失，摆脱世俗纷扰，则身无羁勒，心无尘杂，由此志向才能明确和坚定，不会被外物所扰。

淡泊不是人生的目标，而是人生的态度。为人一世，自然要志存高远，但处世的态度则应尽量从容平淡，谦虚低调，荣辱不惊，在日常的积累中使人生走向丰富。当人生达到一定高度时，再回归平淡，盛时常作衰时想，超脱物累，与白云共游。

淡泊宁静所求的是心灵的洁净，禅意盎然。莲池大师在《竹窗随笔》有云：“尔来不得明心见心性，皆由忙乱覆却本体耳；古人云，静见真如性，又云性水澄清，心珠自现，岂虚语哉。”由此可见，淡泊生于心的宁静，倘若内心焦躁，即便你有心修行淡泊的境界，亦是枉然，更别提淡泊明志、宁静致远了。相反，倘若人心宁静，就不会流连于市井之中，不会被声色犬马扰乱心智。心中宁静，则智慧升华，人的灵魂亦会因智慧得到自由和永恒。

禅意人生

“淡泊”不是弃世，“宁静”亦不是慵懒。若是一味清高自许，愤世嫉俗，也不过是消极。若一味甘于平庸、不求作为，只是慵懒。“淡泊明志”，志在修身，进而达济天下，“宁静致远”，因达于天下而远，“淡泊”与“宁静”，是以“明志”与“致远”为终极理想目标的，其意更在催人奋进。

心静自然禅

在入世的生活中保留一颗出世的心，适时将心中的那些烦心琐事抛开，解放迷茫的内心世界，就能找回在生活中迷失的自我。

在《坛经》中，慧能禅师曾一语道破“风动”与“幡动”的本质皆为“心动”。内心空明、不被外界所扰，这是坐禅者应该达到的基本境界，也是人们行事处世的快乐之本。

佛眼禅师曾做过一首名为《无题》的诗偈，正好诠释了慧能禅师的意思：

春有百花秋有月，夏有凉风冬有雪。

若无闲事挂心头，便是人间好时节。

此偈的首两句描写大自然的景致：春花秋月，夏风冬雪，皆是人间胜景，令人赏心悦目，心旷神怡。然而禅师将话锋一转又说，世间偏偏有人不能欣赏当下拥有的美好，而是怨春悲秋，厌夏畏冬，或者是夏天里渴望冬日的白雪，而在冬日里又向往夏天的丽日，永无顺心遂意的时候。这是因为总有“闲事挂心头”，纠缠于琐碎的尘事，从而迷失了自我。只要放下一切，欣赏四季独具的情趣和韵味，用敏锐的心去感悟体会，不让烦恼和成见梗住心头，便随时随地可以体悟到“人间好时节”的佳境禅趣。

一个无名僧人苦苦寻觅开悟之道却一无所得。这天他路过酒楼，鞋带开了。就在他整理鞋带的时候，偶然听到楼上歌女吟唱道：“你既无心我也休……”刹那之间恍然大悟。于是和尚自称“歌楼和尚”。

“你既无心我也休”，在歌女唱来不过是失意恋人无奈的安慰：你既然对我没有感情，我也就从此不再挂念。虽然唱者无心，但是无妨听者有意。在求道多年未果的和尚听来，“你既无心我也休”却别有滋味。在他看来，所谓“你”意味着无可奈何的内心烦恼，看似汹涌澎湃，实际上却是虚幻不实，根本就是“无心”。既然烦恼是虚幻，那么何必去寻找去除烦恼的方法呢？

只要我们正在经历生活，就免不了会有一些事情占据在心间挥之不去，让我们吃不下、睡不着，然而这些事情却并非那些重要而让我们非装着不可的事情，只是我们忧人自扰罢了。

有一位成功的商人虽然赚了几百万美元，但他似乎从来不曾轻松过。

他下班回到家里，刚刚踏入餐厅中。餐厅中的家具都是胡桃木做的，十分华丽，有一张大餐桌和六张椅子，但他根本没去注意它们。他在餐桌前坐下来，但心情十分烦躁不安，于是他又站了起来，在房间里走来走去。他心不在焉地敲敲桌面，差点被椅子绊倒。

他的妻子这时候走了进来，在餐桌前坐下。他说声“你好”，继续用手敲桌面，直到一个仆人把晚餐端上来为止。他很快地把东西一一吞下，他的两只手就像两把铲子，不断把眼前的晚餐一一铲进口中。

吃过晚餐，他立刻起身走进起居室去。起居室装饰得富丽堂皇，意大利真皮大沙发，地板铺着土耳其的手织地毯，墙上挂着名画。他把自己投进一张椅子中，几乎在同一时刻拿起一份报纸。他匆忙地翻了几页，急急瞄了瞄大字标题，然后，把报纸丢到地上，拿起一根雪茄。他一口咬掉雪茄的头部，点燃后吸了两口，便把它放到烟灰缸去。

他不知道自己该怎么办。他突然跳了起来，走到电视机前，打开电视机，等到画面出现时，又很不耐烦地把它关掉。他大步走到客厅的衣架前，抓起他的帽子和外衣，走到屋外散步。他持续这样的动作已有好几百次了。他在事业上虽然十分成功，但却一直未学会如何放松自己。他是位紧张的生意人，并且常常放不下公司里的那些琐碎事情。他没有经济上的问题，他的家是室内装饰师的梦想。他拥有四部汽车，但他却无法放松自己。为了争取成功与地位，他已经付出了自己全部的时间去获得物质上的成就，然而，在他拼命工作、拼命赚钱的过程中，却迷失了自己。

过分地投入生活，就会受到来自于诸多方面烦恼的干扰，常常令我们身心疲惫、痛苦不堪，然而心病还需心药医，只有我们从内心摆脱这些烦恼的束缚，将它们全部抛开，才能让心灵得到真正的轻松。

亦如东晋大诗人陶渊明那般："结庐在人境，而无车马喧。问君何能尔？心远地自偏。采菊东篱下，悠然见南山。山气日夕佳，飞鸟相与还。此中有真意，欲辨已忘言。"这是何等的洒脱与自在！他淡泊无欲，不肯为五斗米折腰，在出世与入世之间选择了出世独居。几间茅草屋便可栖身，日出而作，日落而息，与菊相伴，饮酒品茶，岂不也是人生的乐趣。这种淡泊恬静的生活追求，即便放在佛家也是一种很高的境界了。

当然，在现实生活中，我们不可能复制这样的生活。不过，我们虽然身处佛门之外，但依然可以在尘世中修禅修心，我们无需出尘出世，像出家人一样去生活，但同样可以摒除杂念、简约心灵，为自己的心构筑一方世外桃源。

一个心性淡泊的人，不会在功名利禄、种种欲望中迷失，志存高远又不骄不躁，永远保留着一颗平常心。其实，世间万物皆有定数，根本不必强求。佛说“莫执着”，就是叫我们不要执着于那些外物，在闹市中修身养性，以一颗禅心去面对工作、面对生活。如此，在得意之时不张狂、不放纵；在失意之时亦不患得患失、诚惶诚恐；不为外物所惑，不为琐事所恼，那么我们的人生便处处都是好时节了。

禅意人生

有人为财，身败名裂；有人为色，妻离子散。可怜天下苍生，每每被欲望、琐事所牵引，忙忙碌碌，苦苦追寻，执着不肯放，累身又累心。又有几人懂得去欣赏春花的烂漫、夏木的葱翠、秋果的丰硕、冬雪的洁白呢？正所谓“俗物相煎迫，烦恼无停息”，做人若能坦然一些，减除物累，烦恼自然会少很多。

轻轻放下，轻轻前行

生命是一种轮回。人生之旅，去日不远，来日无多，权与势，名与利……统统都是过眼烟云，只有淡泊才是人生的永恒。

慧忠禅师说："青藤攀附树枝，爬上了寒松顶端，白云流淡澄洁，出没于天空之中，万事万物本来清闲，只是，人们自己在喧闹忙碌。"

其实，生活需要简单来沉淀。在孔子看来，有理想、有志向的君子，不会总是为了自己的吃穿住而奔波的。"饭疏食饮水，曲肱而枕之"，对于有理想的人来讲，可以说是乐在其中。与此同时，孔子还提出，不符合于道的富贵荣华，他是坚决不予接受的，对待这些东西，就好像是天上的浮云一般。这种思想深深影响了中国古代的知识分子，也是当今我们的做人信条。

一个人的思想一旦升华到追求崇高理想上去，就能够放宽心境，不为物累，心地无私、无欲，随时随地去享受人生，也就苦亦乐、穷亦乐、困亦乐、危亦乐了！这是没有身历过其境的人所难以理解的。真正有修养、高品位的人，他们活得快乐，但所乐也并非那种贫苦生活，而是一种不受物役的"知天"、"乐天"的精神境界。

古人云，求名之心过盛必作伪，利欲之心过剩则偏执。面对名利之风渐盛的社会，面对物质压迫精神的现状，能够做到视名利如粪土，视物质为赘物，在简单、朴素中体验心灵的丰盈、充实，才能将自己始终置身于一种平和、淡定的境界之中。

跳出忙碌的圈子，丢掉过高的期望，走进自己的内心，认真地体验生活、享受生活，你会发现生活原本就是简单而富有乐趣的。简单生活不是忙碌地生活，也不是贫乏地生活，它只是一种不让自己迷失的方法，你可以因此抛弃那些纷繁而无意义的生活，全身心投入你的生活，体验生命的激情和至高境界。

陈毅成和他的妻子李晓晨原来同在一家国营单位供职，夫妻双方都有一份稳定的收入。每逢节假日，夫妻俩都会带着五岁的女儿小燕去游乐园打球，或者到博物馆去看展览，一家三口其乐融融。后来，经人介绍，陈毅成跳槽去了一家外企公司。不久，在丈夫的动员下，李晓晨也离职去了一家外资企业。

凭着出色的业绩，陈毅成和李晓晨都成了各自公司的骨干力量。夫妻俩白天拼命工作，有时忙不过来还要把工作带回家。五岁的女儿只能被送到寄宿制幼儿园里。李晓晨觉得自从自己和丈夫跳到体面又风光的外企之后，这个家就有点旅店的味道了。孩子一个星期回来一次，有时她要出差，就很难与孩子相见。不知不觉中，孩子幼儿园毕业了。在毕业典礼上，她看到自己的女儿表演节目，竟然有点不认得这个懂事却可怜的孩子。孩子跟着老师学习了那么多，可是在亲情的花园里，她却像孤独的小花。频繁的加班侵占了周末陪女儿的时间，以至于平时最疼爱的女儿在自己的眼中也显得有点陌生了，这一切都让李晓晨陷入了一种迷惘和不安当中。

你是否和李晓晨一样经常发现自己莫名其妙地陷入一种不安之中，而找不出合理的理由？面对生活，我们的内心会发出微弱的呼唤，只有躲开外在的嘈杂喧闹，静静聆听并听从它，你才会做出正确的选择；否则，你将在匆忙喧闹的生活中迷失，找不到真正的自我。

其实，人生中俗事本多，你又何苦让自己背负更多？为心灵做一次扫除，卸下负累，在人生路上你才会走得更快，才能尽早地接触到生命的真意。

当你发现自己被四面八方的各种琐事捆绑得动弹不得的时候，难道你不想知道是谁造成今天这个局面？答案很明了：是你，不是别人。昏睡中忙碌着的你我，必须学会割舍，才能清醒地活着，也才能享受更大的自由。

大家都有这样的体验：从早到晚忙忙碌碌，没有一点空闲，但当你仔细回想一下，又觉得自己这一天并没有做什么事。这是因为我们花了很多时间在一些无谓的小事上，泛滥的忙碌只会让我们失去自由。

《时代杂志》曾经报道过一则封面故事“昏睡的美国人”，大概的意思是说：很多美国人都很难体会“完全清醒”是一种什么样的感觉。因为他们不是忙得没有空闲，就是有太多做不完的事。

美国人终年“昏睡不已”，听起来有点不可思议。不过，这并不是好玩的笑话，这是极为严肃的话题。仔细想一想，你一年之中是不是也像美国人一样，没多少时间是“清醒”的？每天又忙又赶，熬夜、加班、开会，还有那些没完没了的家务，几乎占据了你所有的时间。有多少次，你可以从容地和家人一起吃顿晚饭？有多少个夜晚，你可以不担心明天的业务报告，安安稳稳地睡个好觉？应接不暇的杂务明显成为日益艰巨的挑战。许多人整日行色匆匆，疲惫不堪。放眼四周，“我好忙”似乎成为一般人共同的口头禅，忙是正常，不忙是不正常。试问，还有能在行程表上挤出空当的人吗？

奇怪的是，尽管大多数人都已经忙昏了，每天为了“该选择做什么”而无所适从，但绝大多数的人还是认为自己“不够”。这是最常听见的说法，“我如果有更多的时间就好了”、“我如果能赚更多的钱就好了”，好像很少听到有人说：“我已经够了，我想要的更少！”

事实上，太多选择的结果，往往是变成无可选择。即使是芝麻绿豆大的事，都在拼命消耗人们的精力。根据一份调查，有50%的美国人承认，每天为了选择医生、旅游地点、该穿什么衣服而伤透脑筋。

如果你的生活也不自觉地陷入这种境地，你该怎么办？以下有三种选择：第一，面面俱到。对每一件事都采取行动，直到把自己累死为止。第二，重新整理。改变事情的先后顺序，重要的先做，不重要的以后再说。第三，丢弃。你会发现，丢掉的某些东西，其实是你一辈子都不会再需要的。

天空广阔能盛下无数的飞鸟和云，海湖广阔能盛下无数的游鱼和水草，可人并没有天空开阔的视野也没有海广阔的胸襟，要想能有足够轻松自由的空间，就得抛去琐碎的繁杂之物，比如无意义的烦恼、多余的忧愁、虚情假意的阿谀、假模假式的奉承……如果把人生比作一座花园，这些东西就是无用的杂草，我们要学会将这些杂草铲除。

弘一法师出家前的头一天晚上，与自己的学生话别。学生们对老师能割舍一切遁入空门既敬仰又觉得难以理解。一位学生问："老师为何而出家？"

法师淡淡答道："无所为。"

学生进而问道："忍抛骨肉乎？"

法师给出了这样的回答："人世无常，如暴病而死，欲不抛又安可得？"

世上人，无论学佛的还是不学佛的，都深知"放下"的重要性。可是真能做到的，能有几人？如弘一法师这般放下令人艳羡的社会地位与大好前途、离别妻子骨肉的，可谓少之又少。

"放下"二字，诸多禅味。我们生活在世界上，被诸多事情拖累，事业、爱情、金钱、子女、财产、学业……这些东西看起来都那么重要，一个也不可放下。要知道，什么都想得到的人，最终可能会为物所累，导致一无所有。只有懂得放弃的人，才能达到人生至高的境界。

当我们面临选择时，必须学会放弃。弘一法师为了更高的人生追求，毅然决然地放下了一切。丰子恺在谈到弘一法师为何出家时做了如下分析："我以为人的生活可以分作三层，一是物质生活，二是精神生活，三是灵魂生活。物质生活就是衣食；精神生活就是学术文艺；灵魂生活就是宗教。'人生'就是这样一座三层楼。懒得（或无力）走楼梯的，就住在第一层，即把物质生活弄得很好，锦衣肉食、尊荣富贵、孝子慈孙，这样就满足了。这也是一种人生观，抱这样的人生观的人在世间占大多数。其次，高兴（或有力）走楼梯的，就爬上二层楼去玩玩，或者久居在这里头。这就是专心学术文艺的人，这样的人在世间也很多，即所谓'知识分子'、'学者'、'艺术家'。还有一种人，'人生欲'很强，脚力大，对二层楼还不满足，就再走楼梯，爬上三层楼去。这就是宗教徒了。他们做人很认真，满足了'物质欲'还不够，满足了'精神欲'还不够，必须探求人生的究竟；他们以为财产子孙都是身外之物，学术文艺都是暂时的美景，连自己的身体都是虚幻的存在；他们不肯做本能的奴隶，必须追究灵魂的来源、宇宙的根本，这才能满足他们的'人生欲'，这就是宗教徒……我们的弘一大师，是一层层地走上去的……故我对于弘一大师的由艺术升华到宗教，一向认为当然，毫不足怪。"

丰子恺认为，弘一法师为了探知人生的究竟，登上灵魂生活的层楼，把财产、子孙都当做身外物，轻轻放下，轻装前行。这是一种气魄，是凡夫俗子难以领会的情怀。我们每个人都是背着背囊在人生路上行走，负累的东西少，走得快，就能尽早接触到生命的真意。遗憾的是，我们想要的东西太多太多了，自身无法摆脱的负累还不够，还要给自己增添莫名的烦忧。而简单则每每能使人找到生活的快乐，须知，平凡才是人生的主旋律，简单则是生活的真谛。

禅意人生

幸福与快乐源自内心的简约，简单使人宁静，宁静使人快乐。人心随着年龄、阅历的增长而越来越复杂，但生活其实十分简单。保持自然的生活方式，不因外在的影响而痛苦抉择，便会懂得生命简单的快乐。

饥来吃饭，困来即眠

心中填满功名利禄，脑中充塞财势情欲，又何来闲情欣赏江山秀丽？因此，纵然百花灿烂，亦与你无干；纵然白雪皑皑如何宜人，你亦视而不见！何苦，何必！

佛家有云：“饥来吃饭，困来即眠，便是禅了。”

据说从前有一位大珠慧海禅师，他的修行已经达到了非常高的境界，远近皆知，很多人都慕名前来请教禅理。一天，一位来自律宗的有源律师前来拜访慧海禅。

有源律师问慧海禅师：“禅师，您的境界这么高，修道用功有何秘诀？”

慧海禅师回答：“我没什么特别的方法，每一天只是饥来吃饭，困来即眠。”

有源律师有些不解，问道：“每个人也都是吃饭睡觉，那岂不是和禅师一样在修行用功了吗？”

慧海禅师说：“不一样！”

有源律师继续问道：“怎么不一样？不都是吃饭睡觉吗？”

慧海禅师说：“我和他们当然不一样。一般人吃饭时不肯吃饭，百般思索；睡觉时不肯睡觉，千般计较，所以有所不同！”

佛教的禅理总是借象征与隐喻将深奥的道理喻于浅显的生活经验之中，让世人去领会、去参悟。其实，生活本来就是很简单，肚子饿了就吃饭，乏了、困了就睡觉，再简单不过的事情，却被世人弄得那般复杂。

世人终日为名利奔波，将自己弄得如同一部高速运转的机器一般，还以为自己是如何的有拼劲、如何的吃苦耐劳，到头来，拿着年轻时赚的钱为自己的健康买单。

饥来吃饭，困来即眠，简单、自然就是福气，可是，又有几人能够遵循这最基本的常识呢？该吃饭时，为了工作、为了减肥，忍饥挨饿；不该吃饭时，虽然酒足饭饱，为了应酬硬要大吃大喝，结果落得一身病患。睡眠呢？同样得不到保证，还是为了加班、为了所谓的应酬，常常通宵熬夜，时间久了又怎能不生病？

其实，人们吃不香、睡不着，还是因为精神压力太大、负累太多。房子总是觉得太小，车子总感觉没别人的好，钱怎么赚都嫌少。一个欲求得到满足，马上便会衍生出下一个欲望，得不到就想要，得到了又怕失去，总是患得患失，心态无法达到平衡，因而寝食难安，时时都在烦恼。

这时，我们需要简约一下自己的内心，因为简单是福。

一天晚上三更半夜，智通和尚突然大叫：“我大悟了！我大悟了！”

他这一叫惊醒了众多僧人，连禅师也被惊动了。众人一起来到智通的房间，禅师问：“你悟到什么了？居然这个时候大声吵嚷，说来听听吧！”

众僧以为他悟到了高深的佛旨，没想到他却一本正经地说道：

“我日思夜想，终于悟出了——尼姑原来是女人做的。”

刚说完，众僧就哄堂大笑：“这是什么大悟呀，我们大家都知道的呀！”

但是禅师却惊异地看着智通，说：“是的，你真的悟到了！”

智通和尚立刻说道：“师父，现在我不得不告辞了，我要下山云游去。”

众僧又是一惊，心里都认为：“这个小和尚实在是太傲慢了，悟到‘尼姑是女人做的’这么简单的道理也没什么稀奇的，却敢以此要求下山云游，真是太目中无人了；竟敢对我们师父这么无理，可恶！”

然而禅师却不这样认为，他觉得智通到了下山云游的时候了，于是也不挽留他，提着斗笠，率领众僧，送他出寺。到了寺门外，智通和尚接过了禅师给他的斗笠，大步离去，再也没有任何留恋。

众僧都不解地问禅师：“他真的悟到了吗？”

禅师感叹道：“智通真是前途无量呀！连‘尼姑是女人做的’都能参透，还有什么禅道悟不出来的呢？虽然这是众人皆知的道理，但是有谁能从中悟出佛理呢？这句话从智通的嘴里说出来，蕴涵着另一种特殊的意义——世间的事理，一通百通啊。”

世界上的事，无论看起来是多么复杂神秘，其实道理都是很简单的，关键在于是否看得透。生活本身是很简单的，快乐也很简单，是人们自己把它们想得复杂了，或者人们自己太复杂了，所以往往感受不到简单的快乐，他们弄不懂生活的意味。

睿智的古人早就指出：“世味浓，不求忙而忙自至。”所谓“世味”，就是尘世生活中为许多人所追求的舒适的物质享受、为人欣羡的社会地位、显赫的名声，等等。今日的某些人追求的“时髦”，也是一种“世味”，其中的内涵说穿了，也不离物质享受和对“上等人”社会地位的尊崇。

可怜的某些人在电影、电视节目以及广告的强大鼓动下，“世味”一“浓”再“浓”，疯狂地紧跟时髦生活，结果“不知不觉地陷入了金融麻烦中”。尽管他们也在努力工作，收入往往也很可观，但收入永远也赶不上层出不穷的消费产品的增多。如果不克制自己的消费，不适当减弱浓烈的“世味”，他们就不会有真正的快乐生活。

菲律宾《商报》登过一篇文章。作者感慨她的一位病逝的朋友一生为物所役，终日忙于工作、应酬，竟连孩子念几年级都不知道，留下了最大的遗憾。作者写道，这位朋友为了累积更多的财富，享受更高品质的生活，终于将健康与亲情都赔了进去。那栋尚在交付贷款的上千万元的豪宅，曾经是他最得意的成就之一。然而豪宅的气派尚未感受到，他却已离开了人间。作者问：“这样汲汲营营追求身外物的人生，到底快乐何在？”

这位朋友显然也是属“世味浓”的一族，如果他能把“世味”看淡一些，像陈美玲那样“住在恰到好处的房子里，没有一身沉重的经济负担，周末休息的时候，还可以一家大小外出旅游，赏花品草……”这岂不是惬意的生活？

陈美玲写道：“‘生活简单，没有负担’，这是一句电视广告词，但用在人的一生当中却再贴切不过了。与其困在财富、地位与成就的迷惘里，还不如过着简单的生活，舒展身心，享受用金钱也买不到的满足来得快乐。”

简单的生活是快乐的源头，它为我们省去了欲求不得满足的烦恼，又为我们开阔了身心解放的快乐空间！

简单就是剔除生活中繁复的杂念、拒绝杂事的纷扰；简单也是一种专注，叫做“好雪片片，不落别处”。生活中经常听一些人感叹烦恼多多，到处充满着不如意；也经常听到一些人总是抱怨无聊，时光难以打发。其实，生活是简单而且丰富多彩的，痛苦、无聊的是人们自己而已，跟生活本身无关；所以是否快乐、是否充实就看你怎样看待生活、发掘生活。如果觉得痛苦、无聊、人生没有意思，那是因为不懂快乐的原因！

快乐是简单的，它是一种自酿的美酒，是自己酿给自己品尝的；它是一种心灵的状态，是要用心去体会的。简单地活着，快乐地活着，你会发现快乐原来就是：“众里寻她千百度，蓦然回首，那人却在灯火阑珊处。”

禅意人生

简单的生活，快乐的源头，为我们省去了汲汲于外物的烦恼，又为我们开阔了身心解放的快乐空间。“简单生活”并不是要你放弃追求，放弃劳作，而是要我们抓住生活、工作中的本质及重心，以四两拨千斤的方式，去掉世俗浮华的琐务。

随意就好

“生命太短暂，无暇再顾及小事”。其实，我们根本没有必要把所有事情都放在心上，人不妨活得随意些，将那些无关紧要的烦恼抛到九霄云外，如此你会发现，生命中突然多了很多阳光。

若要活得长久些，只能活得简单些；若要活得幸福些，只能活得糊涂些；若要活得轻松些，只能活得随意些。

其实生活本没有那么复杂，只是我们把它变得复杂了。生活给予每个人的快乐大致上是没有差别的：人虽然有贫富之分，然而富人的快乐绝不比穷人多；人生有名望高低之分，然而那些名人却并不比一般人快乐到哪儿去。人生各有各的苦恼，各有各的快乐，只是看我们能够发现快乐，还是发现烦恼罢了。

生活随意就好，顺其自然，不埋怨、不抱怨、不浮躁、不强求、不悲观、不刻板、不慌乱。天气晴朗的时候，就充分享受阳光的美好，让自己时刻都处在好心情之中，不要总是强迫自己去想那些烦闷的事情。只要我们拥有一颗简单而随意的心，就会拥有快乐的生活。

江南初春常有一段阴雨连绵的天气，很冷、很潮湿，这种天气通常会让人觉得沮丧，提不起兴趣。

但是，有一天早上，天气突然转晴了。虽然还有一些湿润的感觉，但空气很清新，而且很暖和，你简直无法想象还会有比这更好的天气。

悦净大师喜欢这样的天气，觉得它总是让人产生各种各样的遐想，而且会让人对生命充满信心。

站在阳光明媚的街道上，悦净大师静静看着来往的人群，内心平静，但有一丝不易察觉的快乐在心底洋溢。

这时，一个年约50岁的男人从远处走来，臂弯里放着皱皱的雨衣。当男人走近时，悦净大师快乐地向他打招呼："阿弥陀佛！今天天气很不错，对吗？"

然而，这个男人的回答却出乎悦净大师的意料，他几乎是极为厌恶地对悦净大师说："是的，天气是不错。但是在这样的天气里，你简直不知道该穿什么衣服才合适！"

悦净大师不知道该如何回答他，只是看着他很快地离开了。

或许生活中有很多不尽人意的地方，但抱怨又能解决什么？莫不如放平心态，去享受生活给予我们的一切，你会发现，原来"天气"一直不错。

人生或许会有很多追求，但无论追求什么，我们都应秉持这样一个前提——不要让心太累。心若疲惫，无论做什么、得到什么，也不会真快乐。而若想让心不累，就要活得随意些，不要一味地去追求所谓的成功。

诚然，成功是我们一生追求的目标，可是在人生的路上，衡量是成功还是失败绝非只有结果这个唯一的标准，而且我们还应该考虑一下，我们盯着这个"成功"付出了怎样的代价，是得大于失，还是失大于得。

对成功的定义，应该说是仁者见仁，智者见智。有的人认为腰缠万贯才是成功，可是财富却往往与幸福无关。纽约康奈尔大学的经济学教授罗伯特·弗兰克说：“虽然财富可以带给人幸福感，但并不代表财富越多人越快乐。”一旦人的基本生存需要得到满足后，每一元钱的增加对快乐本身都不再具有任何特别意义，换句话说，到了这个阶段，金钱就无法换算成幸福和快乐了。

如果一个人在拼命追求金钱的过程中，忽略了亲情，失去了友谊，也放弃了对生命其他美好方面的享受，到最后即便成了亿万富翁，不也难以摆脱孤独和迷惘的纠缠吗？所以并非是金钱决定了我们的愿望和需求，而是我们的愿望和需求决定了金钱和地位对我们的意义。你比陶渊明富足1000倍又怎么样，你能得到他那份“采菊东篱下，悠然见南山”的怡然吗？

人生是公平的，你要活得随意些，或许就只能活得平凡些；你要活得辉煌些，或许就只能活得痛苦些；你要活得长久些，或许就只能活得简单些。

其实，从某种意义上讲，人生中，一个男人最大的成就是有一个好妻子，一个女人最大的成功是有一个好孩子，一个孩子最大的成功是能心理和生理都健康地成长。这才是最踏实、最快乐的成功诠释。

人生，只要适合自己就好，只要简单就好！

在美国新泽西州，有一位叫莫莉的著名兽医劝告人们向动物学习。她拿鸟做例子说：“鸟懂得享受生命。即使最忙碌的鸟儿也会经常停在树枝上唱歌。当然，这可能是雄鸟在求偶或雌鸟在应和，不过，我相信它们大部分时间是为了生命的存在和活着的喜悦而欢唱。”

可是作为万物之灵长的人类，在对待生命的态度上却未必能有这种豁达，有的人穷其一生，都无法达到这样的境界。有的人认为，得到了金钱就得到了幸福，这是多么可笑的想法！可见，他们并不知道金钱和幸福是没有必然联系的。有了金钱，并不一定就会带来幸福，反而因为金钱而引发不幸的事例倒是比比皆是。

还有的人认为只有拥有了盛名，才意味着成功。殊不知，功名利禄不过是过眼烟云，生命的辉煌恰恰隐藏在平凡生活的点滴之中。也有的人认为权倾一时就是成功，更有的人认为出类拔萃才是成功，平庸就意味着失败，可是生活的真实却往往是有些人看起来不怎么样，但活得确实挺来劲儿。哥伦比亚大学的政治学教授亚力克斯·迈克罗斯发现，那些脚踏实地、实事求是的人往往比那些好高骛远的人快乐得多。

其实谁也不至于活得一无是处，谁也不能活得了无遗憾。一个人不必太在乎自己的平凡，平凡可以使生命更加真实；一个人不必太在乎未来会如何，只要我们努力，未来一定不会让我们失望；一个人不必太在乎别人如何看自己，只要自己堂堂正正，别人一定会对我们尊重；一个人不必太在乎得失，人生本来就是在得失间徘徊往复的。

一个人要想生活得快乐，就要学会根据自己的实际情况来调整奋斗目标，适当压制心底的欲望。不要因为自己才质平庸而闷闷不乐，生活中，智慧与快乐并无联系，反倒是“聪明反被聪明误”、“傻人有傻福”的例子俯拾皆是。

很多人年轻的时候无忧无虑地生活，虽然没有钱、没有名、没有地位，但是他们真的很快乐，什么都不用想，只做自己喜欢做的事情。可是当他们开始追求人人向往的传说能带给他们幸福快乐的各种东西之后，却渐渐地发现自己不得不放弃那些他们喜欢做的事情了，而他们得到的却并没有给他们带来多少快乐，带来的反而是负担，压得他们无法追求别的东西，压得他们无法轻松地面对自己真正的梦想。这时他们往往会痛苦不堪地一遍一遍地问自己："为什么得到的都是我不想要的，而我想要的却总是得不到?"于是很多时候，我们总是觉得生活亏待了自己，所以总是对生活怀有很大的怨气。这些怨气发泄出来的时候，又会牵连到我们身边的人，于是很多无缘无故的争吵破坏了我们生活的和谐。

其实，一种生活，只要适合自己，只要有自己喜欢的内容，就是最好的生活，何必踏破铁鞋去寻找那些离你十万八千里的、遥不可及的生活目标呢?

如果你认为必须拥有很多很多的钱、有很大很大的名气，你才能够快乐的话，你怕是很难快乐起来了，因为暴富的机遇和条件实在难求，而人生中的巨奖如诺贝尔奖、奥斯卡奖我们大都得不到。反而人生中寻常的赏心乐事如一声赞美、一个轻吻、亲友围坐、一席盛宴、明月当空、落日红霞，都是我们可以享受到的。不要因为得不到人生的巨奖而烦恼，要享受人生中可爱的小事。这种小事多得很，人人都可以从中享受到快乐。

禅意人生

活得随意些，就是多爱自己一点。欲望少一点，朋友也不必多多益善。人说，多个朋友多条路，其实，也并不完全是那么回事。

有时，朋友太多了并不见多了路，反而多了许多负担。世界太大了，你想要的又太多，可是人生毕竟有限，能把一切都抓在手中吗？莫不如活得随意些。

平淡是真

幸福是平淡的，在你尚未察觉时，已然在身边浮动。幸福犹如午夜繁星，隐隐约约，闪闪烁烁；幸福犹如皎月清辉，铺满房间，何其淡然。

“人生的真理，只是藏在平淡无味中”。是的，平淡是真，这就是生活。人生的每一个开始，都始于平淡，最终又归于平淡，可以说平淡就是我们的归宿。平淡并不排斥伟大，可无论你是如何的伟大，最终都要回归于平淡之中。返璞归真，这是人生的一种至高境界。

所以，无论我们做什么、无论我们志向何其高远，心还是平淡一些好。于人、于事、于物，倘若都能持一颗平常心，我们的人生就会轻松许多、快乐许多。

其实，平淡并不意味着平庸。小草平淡，不事张扬，却用坚韧的生命铺就了绿色世界；水滴平淡，状似柔弱，却有恒心将顽石洞穿；父母之爱平平淡淡，却能使钢骨硬汉潸然泪下……平淡其实是一种宁静的幸福，是一种不可错过的享受。以一颗平淡心去看世界，你会发现这世界原来美不胜收，那看似平淡的生活实则处处绚丽多彩。

平淡需要广阔的心胸，当你拥有了一颗平淡心以后，你也就拥有了宁静与淡泊、幸福与从容。

发生在人与人之间的爱情亦如是。

有一种爱情像烈火般的燃烧，刹那间放射出的绚丽光芒，能将两颗心迅速融化；也有一种爱情像春天的小雨，悄无声息地滋润着对方的心灵。前者激烈却短暂，后者平淡却长久。其实，生活的常态是平淡中透着幸福，爱情归于平淡后的生活虽然朴实但很温馨。

爱不在于瞬间的悸动，而在于共同的感动与守候。

那年情人节，公司的门突然被推开，紧接着两个女孩抬着满满一篮玫瑰花走了进来。

“请萌萌小姐签收一下。”其中一个女孩礼貌地说道。

办公室的同僚们都看傻眼了，那可是满满一篮“蓝色妖姬”，这位仁兄还真舍得花钱。正在大家发怔之际，文文打开了花篮上的录音贺卡：“萌萌，愿我们的爱情如玫瑰一般绚丽夺目、地久天长——深爱你的峰。”

“哇塞！太幸福了！”办公室开始嘈杂起来，年轻女孩子都围着萌萌调侃，眼中露出难以掩饰的羡慕光芒。

年过三十的女主管看着这群丫头微笑着，眼前的景象不禁让她想起了自己的恋爱时光。

老公为人有些木讷，似乎并不懂得浪漫为何物。她和他恋爱的第一个情人节，别说满满一篮玫瑰花，他甚至连一枝都没有买。更可气的是，他竟然送了她一把花伞，要知道“伞”可代表着“散”的意思。她生气，索性不理他，他却很认真地表白：“我之所以送你花伞，是希望自己能像这伞一样，为你遮挡一辈子的风雨！”她哭了，不是因为生气，而是因为感动。

爱是什么？它就是平凡的生活中，不时溢出的那一缕缕幽香。

诚然，若以价钱而论，一把花伞远不及一篮玫瑰来得养眼，但在懂爱的人心中，它们拥有同样的内涵，它们同样是那般浪漫。

爱，不应以车、房等物质为衡量标准；在相爱的人眼中，不应有年老色衰、相貌美丑之分。爱是文君结庐当酒的执着与洒脱，爱是孟光举案齐眉的尊重与和谐，爱是口食清粥却能品出甘味的享受与恬然，爱是“执子之手，与子偕老”的生死契约。在懂爱的人心中，爱俨然可以超越一切的世俗纷扰。

这就是爱情，不必刻意追求什么轰轰烈烈的感觉；生活的点滴之中，就有一种“执子之手，与子偕老”的默契。细水长流的爱情，像春风拂过，轻轻柔柔，一派和煦，让人沉醉入迷。

爱的故事又何止千万？其中不乏欣喜、不乏悲戚；不乏圆满、不乏遗憾。那么，看过下面这个故事，不知大家从中能够领会到什么。

雍容华贵、仪态万千的公主爱上了一个小伙，很快，他们踩着玫瑰花铺就的红地毯步入了婚姻殿堂。故事从公主继承王位、成为权力威慑无边的女王说起。

随着岁月的流逝，女王渐渐感到自己衰老了，花容月貌慢慢褪去，不得不靠一层又一层的化妆品换回昔日的风采。“不，女王的尊严和威仪绝不能因为相貌的萎靡而减损丝毫！”女王在心中给自己下达了圣旨，同时她也对所有的臣民，包括自己的丈夫下达了近乎苛刻的规定：不准在女王没化妆的时候偷看女王的容颜。

那是一个非常迷人的清晨，和风怡荡，柳绿花红，女王的丈夫早早起床在皇家园林中散步。忽然，随着几声悦耳的啁啾鸟鸣，女王的丈夫发现树端一窝小鸟出世了。多么可爱的小鸟啊！他再也抑制不住内心的喜悦，飞跑进宫，一下子推开了女王的房门。女王刚刚起床，还没来得及洗漱，她猛然一惊，仓促间回过一张毫无粉饰的白脸。

结局不言而喻，即使是万众敬仰的女王的丈夫，犯下了禁律，也必须与庶民同罪——偷看女王的真颜只有死路一条。

女王的心中充满了悲哀，她不忍心丈夫因为一时的鲁莽和疏忽而惨遭杀害，但她又绝不能容忍世界上任何一个人知道她不可告人的秘密。斩首的那一天，女王泪水涟涟地去探望丈夫。这些天以来，女王一直渴望知道一件事，错过今日，也就永远揭不开谜底了。终于，女王问道："没有化妆的我，一定又老又丑吧？"

女王的丈夫深情地望着她说："相爱这么多年，我一直企盼着你能够洗却铅华，甚至摘下皇冠，让我们的灵魂赤诚相融。现在，我终于看到了一个真实的妻子，终于可以以一个丈夫的胸怀爱她的一切美好和一切缺欠。在我的心中，我的妻子永远是美丽的，我是一个多么幸福的丈夫啊！"

故事最后的结局呢？显然已不重要！它让我们知道，真正的爱情可以穿越外表的浮华，直达心灵深处。然而，喜爱猜忌的人们却在人与人之间设立了太多屏障，乃至于亲人、爱人之间也不能以坦然相对。除去外表的浮华，卸去心灵的伪装，才可以实现真正的人与人的融合。

当一生的浮华都化作云烟，一世的恩怨都随风飘散，若能依旧两手相牵，又何惧姿容褪尽、鬓染白霜……耀眼的烟花确实很美，可那瞬间的绽放之后，就不再留存任何开放的痕迹。平淡之中的况味才值得细细体味。因为那才是生活真实的滋味。然而，这滋味又有几人能体会？

世界的多姿多彩，令我们被激情欲望所支配，似乎迷失了生活的方向，因而演绎着一幕幕的闹剧。激情过后，便会对已有爱情做出新的评定，认为它是那样索然无味，而幸福似乎也被柴米油盐磨得支离破碎。所以，我们总是渴望生活中多一些激情，甚至渴盼着一次美丽的邂逅，却不知珍惜眼前人。这个人，尽管你贫穷落寞、尽管你卧床难起，都会在你身边默默守候；这个人，或许只是在你失意时给你一个安慰，或许只是默默听着你的唠叨，但却为你倾注了最深的爱。只是，他离你太近，你反而感觉不到。不过，当我们经历了人生的种种闹剧以后，开始以成熟的心态去品读生活时，你便会发现，原来那个平淡的人才是上天给予你最大的恩赐，原来，平淡的生活才是我们最想要的。

“执子之手，与子偕老”，这便是平淡的爱情；“我能想到最浪漫的事，就是和你一起慢慢变老。收藏起点点滴滴的心事，留到以后和你慢慢聊”，这就是平淡的婚姻，可它却总是这般令人感动。

爱情的至高境界就是要经得起平淡的流年。人与人之间的爱情，其实在最普通、最平淡时，不经意擦出的火花才最纯洁、最美丽、最珍贵。

平淡就是幸福。虽然人们对于幸福的解读有所不同，但毋庸置疑，人世间的事，无论爱情、无论其他，在经历过轰轰烈烈以后，都将趋于平淡。所以说，平淡才是人生的真意、才是最后的绝唱亦如姜育恒的歌："曾经在幽幽暗暗反反复复中追问，才知道平平淡淡从从容容才是真……"

只是，现代人追逐的太多，关注内心太少，都想获得幸福，却在忙碌中丢失了幸福。其实，生活中那些对爱情、对人生持有平淡之心的人，他们才是真的活明白了。

其实，要想人生过得轻松一些、幸福一些，每个人都应持有这样一种心态：既来之则安之，让自己去适应平淡，让心灵重归宁静。须知，平淡亦是不平凡，平淡中总是孕育着许多不平凡，倘若我们能在平淡中做好该做的事，平凡生活坦然以对、平淡情感用心感悟，在平平淡淡中领略人生的真意，或许就是最大的幸福。

君知否，幸福与平淡，平淡与从容，从来就不可分割，平凡地活着本身就是不平凡！

禅意人生

曾几何时，年轻的我们总是憧憬宏大而精彩的人生，总是迷恋五彩缤纷的花花世界，但又总是在追求的过程中，丢失了生活的本色。历尽沧桑，蓦然回首才发现，回归平淡，方入人生之真境。平淡是真、平常心是道，一切最简单的，都是返璞归真的。亦如弘一大师所言"淡有淡的味道"，了悟平淡，才是智者的生活。